I0059663

EXPÉRIENCES

ET

OBSERVATIONS

Sur la végétation du BLÉ dans chacune des
matières fimples dont les terres labourables
font ordinairement compofées, & dans différens mélanges de ces matières, par lefquels
on s'eft rapproché de ceux qui conftituent
ces mêmes terres à labour.

Tirées des Regiftres de l'Académie Royale des Sciences.

Par M. TILLET de la même Académie.

A PARIS,

DE L'IMPRIMERIE ROYALE.

M. DCCLXXIV.

EXPÉRIENCES ET OBSERVATIONS

Sur la végétation du Blé dans chacune des matières simples dont les terres labourables font ordinairement composées, & dans différens mélanges de ces matières, par lesquels on s'est rapproché de ceux qui constituent ces mêmes terres à labour.

IL est rare que certaines opérations de la Nature considérées en grand & auxquelles on se rend principalement attentif, lorsqu'elles ont des suites très - inégales, quoique par une loi immuable elles tendent toujours à la même fin, il est rare, dis-je, que ces opérations, ainsi considérées sous une vaste étendue, ne conduisent pas à des réflexions particulières & au desir de connoître, ou au moins d'entrevoir la cause de cette inégalité dans leur suite qu'on a sans cesse sous les yeux. La différence sensible des substances sur lesquelles s'exercent ces opérations, avertit bien quelquefois de l'iné- galité des effets qui en doivent résulter; mais il arrive souvent qu'on se trompe en tirant des conclusions trop générales & en ne réfléchissant pas que la différence des effets a plus sa source dans une chose accessoire aux matières d'où ils résultent, que dans la différence bien réelle qui constitue ces matières.

Les expériences relatives à l'Agriculture que j'ai entreprises depuis quelques années, & pour l'examen desquelles l'Aca- démie voulut bien nommer des Commissaires au mois de Juin 1772, m'ont donné lieu de constater des faits dont je vais lui rendre compte. Lorsque je les aurai développés & réduits à quelques points principaux, on reconnoîtra, je crois, que la remarque par laquelle j'ai commencé ce Mémoire,

n'eſt pas dénuée de fondement ſi on l'applique au ſujet inté-
reſſant dont il s'agit ici; & on jugera en particulier, d'après
ces mêmes faits, de toute la réſerve qu'il convient de mettre
dans la détermination de ce qui caractériſe eſſentiellement
un terrein fertile & propre ſur-tout à produire du blé.

J'obſervois depuis long-temps que certaines terres qui
ſont un peu ſablonneuſes, comme celles de Châtillon près de
Sézanne où j'ai une ferme aſſez étendue, produiſent davantage, proportion gardée, dans les années pluvieuſes, que
d'autres terres de la Brie foncièrement meilleures: je ſentois
à la vérité que le produit plus foible de celles-ci, devoit
provenir, non d'une quantité moins conſidérable de plantes,
mais de l'état où elles ſe trouvoient par l'abondance des
pluies, & parce que les blés étant verſés en grande partie,
ne donnoient qu'un grain maigre & retrait; au lieu que
d'autres terres moins fortes, & où communément les blés
ne ſont pas beaucoup fournis, ne recevoient d'une humidité
extraordinaire, que ce qu'il falloit pour que les pieds de blé
y tallaſſent davantage, & que les tiges s'y multipliaſſent,
ſans être trop ſerrées cependant, & expoſées à ſe coucher
les unes ſur les autres par des pluies fréquentes. Je ſentois,
je le répète, que la différence des produits venoit eſſentiellement de cette cauſe, & non d'une plus grande abondance
de plantes dans les terres ſablonneuſes, que dans celles qui
ſont conſtamment meilleures & où le ſable ne domine pas:
mais j'étois toujours frappé du ſuccès qui dans les premières
réſultoit d'une grande humidité, tandis qu'elle étoit nuiſible
à celles-ci : je commençois dès-lors à réfléchir combien par
elle-même, & indépendamment des ſubſtances dont l'eau ſe
charge dans les terres, elle avoit d'influence ſur la végétation,
& quel avantage elle pouvoit offrir ſeule, dans les terreins
peu fertiles & où même toute autre reſſource manquoit.

Je conſidérois d'un autre côté que ſi les terres fortes,
c'eſt-à-dire celles où l'argile eſt abondante & dont le labour
exige pluſieurs chevaux, ſont aſſez fertiles communément,
elles le ſont moins cependant que celles où l'argile ſe trouve

dans une moindre proportion & telles qu'on les remarque aux environs de Bagneux & de Cachan près de Paris. Ce coup-d'œil jeté en général fur ces deux fortes de terres labourables, m'avertiffoit de l'utilité dont l'argile y étoit pour la production; mais il me donnoit lieu de remarquer en même-temps, que lorfqu'elle s'y trouve en trop grande quantité, non-feulement elle y rend la culture plus difficile & plus difpen-dieufe, mais elle nuit jufqu'à un certain point à la végétation. On verra dans le détail de mes expériences, les inconvéniens qui naiffent d'un excès d'argile dans les terres, l'avantage qu'elle y occafionne dans une certaine proportion & le rapport qu'il y a entre l'effet qu'elle produit dans les terres, & l'état où doivent être ces mêmes terres pour qu'un certain degré d'humidité néceffaire aux plantes s'y conferve affez conftamment.

Il ne s'agiffoit plus d'après ces obfervations, vagues à la vérité, mais fondées néanmoins fur des faits confidérés en grand & qu'on a tous les jours fous les yeux, que de tenter quelques épreuves en petit & capables de conduire à d'autres plus confidérables par les lumières qu'elles donneroient.

Mon projet a donc été de combiner de différentes façons les matières qui compofent ordinairement les terres propres à la végétation, & principalement celles qu'on deftine comme les meilleures à porter du froment; de comparer les produits que me fourniroient ces mélanges, en les abandonnant après y avoir femé du grain, à la marche ordinaire de la Nature, & en ne leur laiffant d'autres fecours pendant toute la durée de la végétation, que ceux qu'une terre labourable reçoit de la variété des faifons.

Je ne me fuis pas borné à ces combinaifons de terres; j'ai defiré de connoître quelle production me donneroit chacune des matières qui entroient dans les mélanges; je les ai employées feules & auffi pures que des expériences de la nature de celles-ci, pouvoient le demander: il n'étoit pas queftion en effet d'une homogénéité complète de chacune de ces matières pour l'objet que j'avois; il fuffifoit qu'elles euffent tous les caractères qui les font ranger communément dans des claffes bien diftinctes.

La néceffité de fuivre journellement mes expériences &
de les mettre à l'abri, autant qu'il étoit poffible, des petits
accidens & du dérangement prefque inévitable que j'aurois
éprouvé, en les faifant en rafe campagne, me détermina à
demander aux R. P. Chartreux la permiffion de les faire
dans quelqu'endroit renfermé de leur terrein : ces Religieux
entrant dans les vues qui me conduifoient, voulurent bien
m'accorder la jouiffance d'un jardin entouré de murs, où
je pris pour ces expériences la partie du terrein qui me
convenoit & qui fe trouvoit dans l'expofition la plus
favorable.

Les pots de terre ordinaires où l'on élève des plantes ne
m'ayant pas paru d'une grandeur & d'une forme tout-à-fait
convenables pour une partie des épreuves que je projetois,
j'en fis conftruire vingt-quatre dont l'ouverture étoit d'un
pied de diamètre, le fond de dix pouces, & la hauteur de
fept à huit pouces feulement. On verra par la manière dont
ces pots étoient placés, que j'avois plus d'avantage à leur
faire préfenter une furface affez grande, qu'à leur donner
beaucoup de profondeur : ils furent tous deftinés à contenir
des terres que j'avois compofées, ou quelques autres naturelles
qui devoient leur être comparées, pour les produits que les
unes & les autres donneroient. Quant aux matières pures qui
entroient dans les mélanges, je les mis chacune dans des pots
ordinaires & tels qu'ils me tombèrent fous la main. Outre
l'ordre dans lequel tous ces pots furent mis, & qui fut le
même pendant trois ans, chacun d'eux portoit un numéro.
Je fus certain par-là de ne rien confondre dans les obfervations que j'eus lieu de faire pendant tout l'accroiffement des
plantes, & à l'égard des productions que j'en recueillis.

Quelque avantageux qu'euffent été par eux-mêmes les
mélanges de terres que j'avois faits, quelque reffource qu'il
y eut eu dans les matières que j'avois employées, je n'aurois
jamais réuffi fans doute dans mes expériences, fi me bornant
à femer du grain dans ces terres, j'avois laiffé les pots qui
les contenoient fur la furface du terrein où ils étoient rangés,
& où ils auroient été expofés, dans le cours de neuf à dix

mois, foit à toute l'impreffion des fortes gelées, foit à la féchereffe que les grandes chaleurs occafionnent. Je renfermai donc ces pots dans la terre, en obfervant de ne les y plonger que jufqu'à un travers de doigt de leur bord fupérieur, afin que la terre du jardin, ne fe mêlant point avec celle que les pots contenoient, je fuffe certain que les plantes n'avoient aucune communication avec la première, & végétoient dans le feul efpace que la grandeur du pot déterminoit. On voit que par cette difpofition les différentes terres de mes expériences rentroient dans l'ordre commun, & participoient, quoique ifolées réellement, à toutes les influences des faifons que la terre du jardin recevoit.

Tous les pots qui les contenoient étoient rangés fur trois lignes & à fept ou huit pouces de diftance l'un de l'autre; un fentier de dix-huit pouces de largeur, féparoit ces lignes & donnoit la facilité d'en examiner en tout temps les produits.

Je commençai ces expériences au mois d'Octobre de l'année 1770 : le blé que je femai ne fut pas abfolument le même pour toutes les épreuves de la première année : il importoit peu alors pour l'objet de mes recherches, que je m'occupaffe fpécialement de la femence; il fuffifoit que le grain que j'employois fût fain & en état de bien germer; mais dans la fuite j'eus l'attention, en répétant mes expériences fur les terres, foit fimples, foit compofées, de leur rendre pour femence le grain même que j'en avois recueilli; & au mois d'Octobre 1773, chacune d'elles a reçu le blé qu'elle avoit donné par une triple reproduction.

La plupart des matières que j'employai étoient très-sèches par elles-mêmes, ou avoient été réduites à cet état, afin qu'après les avoir broyées ou mifes même en poudre, comme le fut l'argile, je fiffe plus exactement le mélange des terres; & dans la vue auffi qu'elles devinffent affez meubles pour que le grain y éprouvât de toutes parts le contact des terres, & ne courût pas les rifques, foit de n'y pas germer, en tombant dans des vides où l'humidité ne fe fût pas

maintenue, foit d'y languir par la même raifon, après y
avoir germé.

Cet état de féchereffe dans lequel j'avois trouvé ou mis
les matières que j'employai, m'obligea de les humecter, au
moment où j'y femai le grain & après que je l'eus recouvert
d'un pouce & demi ou environ, de la terre particulière à
chaque pot : cette précaution une fois prife, dans le defir
feul de hâter la germination du grain, puifque les premières
pluies auroient produit cet effet, je plaçai les pots dans leur
ordre ; je comprimai autour d'eux la terre dans laquelle,
comme je l'ai dit, ils étoient plongés jufqu'au bourrelet qui
termine leur évafement, & je m'abftins conftamment de les
arrofer, pendant tout le cours de la végétation, malgré les
grandes féchereffes qu'ils éprouvèrent quelquefois, & qui me
firent craindre dans certains momens que les plantes n'y
mouruffent avant la maturité du grain.

Afin de ne pas fatiguer l'Académie par des répétitions
dans lefquelles je tomberois néceffairement, fi avant que de
lui rendre compte des réfultats de mes expériences, je lui
donnois d'abord le détail tant des mélanges de terres que j'ai
faits, que des matières fimples que j'ai employées, pour paffer
enfuite aux produits que j'en ai tirés chaque année, je réunirai
fous un même coup-d'œil & la nature des terres dont j'ai
fait ufage, & les productions qu'elles m'ont données pendant
trois ans. Le fond de chaque expérience fera connu par-là
en même temps que les réfultats : ils ne feront accompagnés
quelquefois que de réflexions fuccinctes, que les circonftances
pourront faire naître & qui prépareront à des obfervations
générales par lefquelles ce Mémoire fera terminé.

J'ai choifi le nombre de *huit* pour me fervir de règle dans
la proportion des mélanges que j'ai faits & pour fixer la
quantité plus ou moins confidérable des parties des matières
différentes qui y font entrées : ces parties ont été déterminées
par une mefure que j'ai établie d'après la contenance des
pots dont on a vu plus haut les dimenfions, & chacun d'eux
I.ᵉʳᵉ   contenoit à peu-près huit de ces mefures. Ainfi la première
Expérience,   de mes

de mes expériences a eu lieu fur un mélange de $\frac{3}{8}$ d'argile de Gentilly, dont les Potiers de terre font le plus grand ufage, de $\frac{2}{8}$ de fable de rivière, & de $\frac{3}{8}$ de retailles de pierre des environs de Paris, c'eft-à-dire de celle que les ouvriers en ce genre, nomment *pierre dure*, qu'on emploie tous les jours pour les premières affifes des bâtimens, & qui abonde, comme on le fait, en coquillages détruits. J'ai obtenu un fuccès complet en *1771*, *1772* & *1773* dans cette première expérience : les blés y ont paffé, pendant chacune de ces années, par tous les degrés de la végétation, fans éprouver le moindre affoibliffement, les tiges s'y font élevées avec vigueur, & ont donné de beaux épis, où le grain a acquis toute fa maturité *(a)*.

(a) M. Baumé, Membre de cette Académie, publia en 1770 un Mémoire fur les argiles, qui contient beaucoup de recherches & d'expériences Chimiques : il y a eu pour objet principal d'examiner, 1.° quels font les principes qui conftituent les argiles ; quels font, en fecond lieu, les changemens qu'elles éprouvent, & enfin quels font les moyens de les rendre fertiles. La partie de fon Mémoire où il étoit queftion d'analyfer l'argile & de la confidérer fous des vues purement chimiques, eft traitée avec beaucoup de fagacité, & contient plufieurs faits qui paroiffent bien établis. Quant aux expériences & aux obfervations qui intéreffoient proprement l'Agriculture, & qui étoient relatives à la troifième queftion qu'il avoit eu pour but de réfoudre, il ne lui a été poffible que de propofer des épreuves fur les différentes argiles, & fur les différens mélanges qu'on pourroit en faire avec d'autres terres pour les rendre plus favorables à l'accroiffement des plantes.

En donnant aux recherches que j'ai faites en ce genre, plus d'extenfion & de variété que M. Baumé n'avoit eu deffein d'abord d'en mettre dans la troifième partie de fon travail, je crois avoir rempli une partie de fes vues, à l'égard de l'emploi de l'argile pour la végétation. Il verra fans doute avec plaifir que les expériences, dont fes occupations ne lui permettoient pas de fuivre le détail, quadrent en général avec les principes bien fondés, fur les mélanges des terres qu'il a adoptés ; que ces expériences cependant exigent quelquefois des modifications dans ces principes, relativement à la caufe du fuccès des mélanges, & qu'elles montrent d'ailleurs avec combien de réferve on doit prononcer fur ce qui procure principalement aux plantes l'aliment dont elles ont befoin.

Quoique M. Macquer, dans un Mémoire curieux qu'il a donné fur les argiles, *(Mém. de l'Acad. année 1758)* ne les ait confidérées proprement que par rapport à leur fufibilité avec les pierres calcaires ; cependant il les y a examinées avec foin, quant à leur nature & à une multitude d'efpèces dont ce favant Académicien a fait l'analyfe. Travail confidérable & délicat en même-temps, que M.

B

II.ᵉ & III.ᵉ
Expériences.

Le mélange pour la deuxième & la troisième expérience, lesquelles dans la suite seront désignées ordinairement par leur numéro, comme les expériences suivantes, a été le même que le précédent, à cela près qu'il y a été employé des retailles de la pierre connue sous le nom de *Saint-Leu,* au lieu de celles de la pierre dure qui font partie du mélange n.º *1.* Le succès s'est soutenu aussi pendant les trois années, dans cette deuxième & troisième expérience, quoiqu'il y ait eu quelque différence en moins pour la quantité des épis, & non pour leur beauté; les touffes de blé n'y étoient pas tout-à-fait aussi fournies que dans la première; cependant il y a eu assez d'égalité en 1772 entre ces deux *numéros* & le n.º *1;* ainsi on peut dire en général que ces deux sortes de mélanges sont à peu-près également bons.

IV.ᵉ & V.ᵉ
Expériences.

Il n'entra dans le mélange dont il s'agit ici que $\frac{2}{8}$ d'argile, $\frac{3}{8}$ de retailles de pierre pareilles à celles des deux numéros précédens, & $\frac{3}{8}$ de sable. La réussite a été entière dans ces n.ᵒˢ *4* & *5* pendant les trois années. Il paroît, par conséquent, qu'une quantité moins forte d'argile ne nuit point au progrès de la végétation; & cela devient avantageux parce qu'il n'est pas facile de la bien mêler avec les autres matières qu'on emploie pour imiter les terres à labour naturelles *(b)*.

Baumé a partagé avec lui. Peut-être les variétés qu'on y remarque mériteroient-elles quelqu'attention de la part des Agriculteurs, & contribueroient-elles à rendre plus ou moins avantageux les mélanges de terres dont les argiles feroient partie.

(b) M. Baumé rend compte, dans le Mémoire sur les argiles que j'ai déjà cité, de l'analyse qu'il a faite de deux espèces de terres labourables, dont la première étoit regardée comme une des meilleures du canton où il la prit, & la seconde comme inférieure à la précédente, & d'un foible

produit. Cet examen des terres labourables, où l'argile se trouva en différentes proportions, a trait aux cinq premières expériences que je viens de rapporter, & demande une légère observation de ma part, après que j'aurai fait mention des deux résultats de M. Baumé. « J'ai pris, dit-il, une certaine quantité de terres labou- « rables dans les environs de Paris, « & dans un terrein qui passe pour « être des meilleurs pour la végéta- « tion: Je l'ai fait sécher à l'air, afin « de me débarrasser de l'humidité; « j'en ai pesé une livre; je l'ai lavée «

Le fuccès n'a pas été le même ici, quoique dans cette fixième expérience, la différence ne confiftât uniquement, à l'égard du mélange, & comparaifon faite avec les numéros précédens *1, 2 & 3*, qu'en ce que pour ce même *n.° 6*, il a été employé ⅔ de fablon d'Étampes, au lieu d'une pareille quantité de fable de rivière qui eft entrée dans le mélange des *n.°s 1, 2 & 3*. Le blé a végété avec vigueur, il eft vrai, en 1771, dans cette fixième expérience; mais quoiqu'il y ait eu de beaux épis en 1772, la touffe de blé étoit peu fournie; elle a jauni & s'eft deffèchée plus promptement que les autres; & en 1773, ce *n.° 6* a totalement manqué; les

» dans une certaine quantité d'eau, » de la même manière qu'on lave les » argiles; j'ai fait couler avec l'eau la » portion de terre la plus fine; il eft » reflé fix onces de matières groffières; » c'étoit du gravier femblable à celui » de rivière, mêlé de fragmens de » briques & de pierres calcaires; j'ai » ramaffé la terre fine qui a été fé- » parée par le lavage, je l'ai fait » fécher & je l'ai fait digérer dans » du vinaigre diftillé: j'ai féparé ce » vinaigre lorfqu'il a été faturé de » terre; j'ai repaffé fur le marc de » nouveau vinaigre: par ce moyen » j'ai féparé toute la terre calcaire: » j'ai précipité cette terre par de » l'alkali fixe; j'en ai obtenu quatre » onces; il eft reflé enfin fix onces » d'argile femblable aux argiles com- » munes.

» J'ai pareillement examiné, conti- » nue M. Baumé, la terre d'un » autre terrein, qui paffe parmi les » Agriculteurs pour être moins bon » que le précédent, & qu'ils nomment » terrein *maigre;* j'ai trouvé que » chaque livre de cette terre féchée » contient quatre onces d'argile, fix » onces de gravier, & fix onces de terre calcaire ».

On voit par l'examen qu'a fait M. Baumé des matières qui entrent dans la compofition d'une terre labourable qui eft réputée bonne, qu'il s'y trouve $\frac{6}{16}$.^{es} d'argile, & que dans celle qui eft réputée maigre il n'y en a que $\frac{4}{16}$.^{es}. On feroit porté à croire, d'après ces analyfes, que la quantité plus ou moins confidérable d'argile, dans les mélanges dont il s'agit ici, décideroit de la qualité plus ou moins avanta- geufe qu'on y attache: mais il paroît par le fuccès foutenu pendant trois ans de la quatrième & de la cinquième de mes expériences, où il n'entroit qu'un quart d'argile au moins à celui des trois premières, où j'avois employé $\frac{6}{16}$.^{es} d'argile, c'eft-à- dire la même quantité que M. Baumé en a trouvée dans une des meilleures terres labourables, il paroît, dis-je, qu'un terrein pourroit n'être pas confi- déré comme maigre & peu fertile, quoiqu'il ne contint qu'un quart d'ar- gile, & qu'il y a encore bien des obfervations à faire fur ce qui confti- tue effentiellement les excellentes terres à labour, avant que nous puiffions indiquer des mélanges qui leur foient parfaitement affimilés.

plantes y ont péri. Nous verrons le *n.*° 8 quadrer à peu‑près avec celui-ci.

En faifant attention que le *n.*° 6 & le *n.*° 8 préfentent le même réfultat, & qu'il n'y a d'autre différence dans le mélange qui les concerne, & celui qui regarde les premiers numéros où la végétation a pleinement réuffi pendant trois ans, que celle qui peut fe trouver entre le fablon & le fable, en confidérant, dis-je, par ce côté feul l'expérience dont il s'agit, ne pourroit - on pas foupçonner que le mélange trop intime du fablon avec l'argile a occafionné une liaifon & une confiftance entre ces deux matières, qui a mis obftacle au développement des parties les plus déliées des racines, & qui peut - être a rendu ces matières ainfi mêlées intimement, moins permeables à l'eau, après qu'elle les a eu d'abord réduites en une efpèce de ciment? Nous avons vu qu'en 1771, le blé de ce *n.*° 6 avoit été beau & vigoureux; que la végétation y avoit été moins belle en 1772; que dans cette même année, la touffe de blé y avoit jauni & s'y étoit defféchée avant la maturité parfaite du grain; nous avons remarqué fur - tout que les plantes y avoient totalement péri en 1773. N'y auroit-il pas lieu de croire, en fe prêtant pour un moment à l'idée que je viens de préfenter, que fi le blé de ce *n.*° 6 a d'abord réuffi, s'il n'a pas eu le même fuccès l'année fuivante, & fi enfin il a péri la troifième année, c'eft que le mélange du fablon & de l'argile eft devenu plus complet avec le temps, par le fecours des pluies, & à la faveur du remuement des terres compofées de chaque pot, que j'ai fait au mois d'Octobre des années 1771 & 1772, avant que d'y femer le grain? Quelle que foit la caufe qui a fait périr le blé dans les pots *n.*° 6 & *n.*° 8, quoique le grain y eût d'abord germé en Octobre, & que les plantes s'y fuffent enfuite développées, il eft certain que des vingt-quatre pots principaux dont j'ai à donner le produit pendant trois ans, il n'y a que les deux dont je viens de parler où les plantes foient mortes en 1773; & cependant, à la nature près du mélange, tout a été parfaitement égal dans la manière dont les expériences ont été faites à l'égard de ces vingt-quatre pots.

Il eſt d'uſage dans bien des pays d'employer la marne pour rendre les terres plus fertiles, & de renouveler cet engrais au bout d'un certain nombre d'années : j'ai eu pour objet dans la ſeptième expérience, d'examiner d'abord ſi une terre naturelle avec laquelle on mêle une certaine quantité de marne eſt plus favorable à la végétation que les terres compoſées que je pourrois employer ; & d'obſerver enſuite s'il y avoit une grande différence entre le produit d'une terre naturelle à laquelle on n'ajouteroit aucun engrais, & celui de la même terre à laquelle on joindroit de la marne. J'ai fait en conſéquence tranſporter à Paris de la terre de Châtillon-ſur-Morin, village ſitué, comme je l'ai déjà dit, à deux lieues de Sezanne : des expériences ſur cette terre que j'avois priſe dans une des pièces dépendantes de la ferme que j'y ai, n'en étoient que plus propres à piquer ma curioſité. La marne eſt fort commune dans ce canton ; & on y eſt beaucoup dans l'uſage de la répandre ſur les terres : la quantité qu'on y en met par arpent n'eſt pas abſolument fixe ; le laboureur la détermine ſur ſon opinion, & en arbitrant que la partie de ſes terres qu'il juge la plus froide eſt celle qui en exige le plus. J'ai mêlé, pour la ſeptième expérience dont il s'agit, $\frac{7}{8}$ de la terre de Châtillon avec $\frac{1}{8}$ de la marne du même canton. La végétation a été aſſez belle, dans cette expérience, pendant trois années conſécutives ; mais elle l'a été moins que dans les terres compoſées dont j'ai d'abord parlé : les touffes de blé étoient plus vigoureuſes & mieux fournies dans celles-ci que dans la terre marnée de Châtillon ; & cette différence étoit ſenſible au ſimple coup-d'œil qui ſe portoit en même-temps, chaque année, ſur les produits diſtincts de ces expériences.

VII.ᵉ
Expérience.

J'ai déjà dit que la ſixième expérience quadroit avec celle-ci : le mélange des terres étoit le même pour l'une &

VIII.ᵉ
Expérience.

pour l'autre ; & les produits ont été à peu-près pareils chaque année; dans la dernière, sur-tout, les plantes du n.° 6 & du n.° 8 ont péri également : ainsi les réflexions que j'ai déjà faites sont applicables à l'expérience dont il s'agit ici.

IX.ᵉ Expérience. Mon objet, dans la neuvième expérience, a été simplement d'employer de la terre labourable ordinaire, en y mêlant de la marne & du fumier. Les laboureurs sont persuadés que la marne seule produit à la vérité un bon effet, mais qu'il ne faut pas se borner à cet engrais pour rendre les terres fertiles, & qu'il est nécessaire d'y ajouter du fumier : j'ai donc joint à $\frac{6}{8}$ de la terre de Châtillon, dont j'ai déjà parlé, $\frac{1}{8}$ de marne & $\frac{1}{8}$ de fumier. Le blé de cette expérience a bien réussi en 1771 & 1772 ; mais le succès n'a pas été le même en 1773 ; le blé étoit maigre, & quelques épis étoient foibles : il n'en faudroit pas conclure cependant que le mélange dont il est question n'est pas avantageux, parce que le produit de la troisième année n'a pas répondu à celui des deux autres ; quelques circonstances particulières qui m'ont échappé, peuvent avoir influé sur ce dernier résultat ; & nous verrons qu'en général les produits de 1773, pour plusieurs des expériences que j'ai à rapporter, ont été moins beaux que ceux des années précédentes.

X.ᵉ Expérience. Il convenoit, en employant la terre labourable de Châtillon, d'examiner quelles productions elle donneroit seule, & comme terre meuble simplement : je l'employai donc sans aucun engrais pour la dixième expérience. La touffe de blé y étoit belle & fournie suffisamment en 1771 ; le succès y fut le même l'année suivante ; le blé y étoit aussi beau en 1773, mais les tiges y étoient en moindre nombre qu'elles n'avoient été dans les deux années précédentes. On auroit lieu de présumer, à la première réflexion sur cette expérience, que la marne & le fumier réunis n'étoient pas propres à rendre la terre de Châtillon plus fertile qu'elle l'a été sans le secours de ces deux engrais, puisque le produit de la dixième expérience, dans les années 1771 & 1772, a été à peu-près auſſi beau que celui de la neuvième, pendant les deux mêmes années; & qu'en 1773, ſi la terre de Châtillon ſeule n'a pas fourni un auſſi beau produit qu'elle l'avoit donné précédemment, il en a été ainſi de cette même terre, quoique la marne & le fumier que j'y avois joints pour la neuvième expérience, euſſent dû en apparence produire un meilleur effet qu'il ne devoit réſulter de la terre employée ſans aucun engrais; mais ce feroit conclure trop tôt contre l'uſage général & bien fondé ſans doute de joindre la marne au fumier pour améliorer les terres labourables. Outre que la médiocrité du produit de ces deux expériences en 1773, pourroit être attribuée à quelque cauſe particulière que je n'ai point ſaiſie, comme il eſt arrivé peut-être que par des circonſtances dont également je n'ai pas été frappé, l'avantage que la neuvième auroit dû avoir naturellement ſur la dixième, n'a pas été ſenſible dans les trois années, j'aurai quelques réflexions à faire dans la ſuite ſur l'effet propre qu'il y a lieu de croire que la marne produit dans les terres, & ſur celui qui réſulte de l'emploi du fumier: peut-être fera-t-on moins ſurpris alors qu'une terre ſimple, mais rendue très-meuble ſe rapproche, pour le produit, d'une terre pareille à laquelle on a joint des engrais, parce qu'un des principaux avantages que reçoit celle-ci, ſe trouve procuré à la première, & y devient aſſez marqué quelquefois, pour qu'on ne diſtingue pas une terre amendée d'avec celle qui ne l'a pas été.

L'argile n'a pas fait partie de la onzième expérience; je n'y ai employé, pour le mélange, que $\frac{4}{8}$ de retailles de pierres, $\frac{2}{8}$ de ſable, & une quantité pareille de ſablon. Le blé a réuſſi dans cette expérience en 1771; il étoit beau auſſi l'année ſuivante, & la touffe en étoit bien fournie: le ſuccès n'a pas été le même en 1773; quoiqu'il y eût de beaux épis, les pieds de blé n'étoient pas nombreux, & pluſieurs d'entr'eux étoient bas & maigres. On voit ici le ſablon faiſant partie du mélange avec d'autres matières qui, en apparence, ne contribuent pas beaucoup à la végétation; mais on aura lieu de remarquer bientôt que le blé a parfai-

XI.ᵉ
Expérience.

tement réuffi dans chacune de ces matières employées féparément, & dans le fablon même le plus pur.

XII.ᵉ Expérience. Les décombres de bâtimens font compofés ordinairement à Paris de pierres brifées, de vieux plâtres, de mortier détruit, de fragmens de briques, de tuiles, &c. J'ai employé pour la douzième expérience $\frac{5}{8}$ de cette forte de décombres, & $\frac{3}{8}$ d'argile. Les épis que ce mélange a produits en 1771 étoient en général affez beaux; mais il y avoit des pieds de blé maigres & peu élevés. La production fut plus avantageufe l'année fuivante; elle le fut moins en 1773; la touffe de blé que donna ce mélange étoit peu fournie, & dans le nombre des pieds foibles dont elle étoit compofée, on n'en remarquoit que cinq ou fix qui portaffent d'affez beaux épis.

XIII.ᵉ Expérience. J'employai pour cette expérience-ci $\frac{2}{8}$ d'argile, $\frac{4}{8}$ de fable & $\frac{2}{8}$ de marne. Le fuccès y fut complet en 1771. Je n'obtins pas le même avantage en 1772: quoique ce mélange m'ait donné de beaux épis cette année-là, cependant les pieds de blé n'y étoient pas abondans; & en général, ils y étoient foibles. Ce petit nombre de tiges & cet état de foibleffe étoit encore plus marqué en 1773.

XIV.ᵉ Expérience. Il n'entroit dans le mélange relatif à la douzième expérience dont j'ai rendu compte, que de l'argile & des décombres dans la proportion de 3 à 5: j'ai fait ufage de ces mêmes matières, mais en moindre quantité, pour la quatorzième expérience, & je les ai mêlées avec d'autres propres à rendre le compofé différent. Sur $\frac{6}{24}$ d'argile j'en ai mis 8 de décombres, 4 de fablon & 6 de marne. Le produit de ce mélange a été affez beau en 1771; il a pleinement réuffi en 1772; mais en 1773, il n'a pas été auffi avantageux: ce mélange a donné à la vérité en 1773, quelques épis affez beaux, & il y avoit un affez grand nombre de tiges, mais elles étoient baffes & n'avoient pas la vigueur de celles que j'avois obtenues, l'année précédente, de cette terre compofée.

À mefure que j'entre dans le détail de mes expériences, on doit s'apercevoir que l'année 1773 ne leur a pas été

auffi

aussi favorable en général que les deux précédentes, & que dès-lors il y a lieu de présumer que des circonstances particulières, telles qu'une sécheresse trop long-temps soutenue, pour la manière dont je faisois mes épreuves, ont pu influer autant sur leurs produits, & y avoir occasionné un affoiblissement, que la nature même des mélanges qui les ont donnés. J'aurai sujet d'étendre cette réflexion dans le résultat général que je tirerai de mes expériences, & je ferai sentir que mes blés ont dû souffrir nécessairement de la sécheresse qu'ils ont éprouvée au printemps de 1773 ; tandis que ceux qui sont venus en pleine campagne ne s'en sont presque pas ressentis.

On regarde ordinairement comme un terrein maigre & peu fertile, celui qui ne contient qu'une petite quantité de terre franche, & où le sable, les cailloux, la craie & d'autres matières de cette espèce dominent. Je cherchai, pour la quinzième expérience, à faire un mélange qui eût du rapport avec un terrein de cette nature, & qu'on pût considérer en général comme offrant une foible ressource pour la végétation : à $\frac{2}{8}$ d'une terre inculte du clos des Chartreux, qui par elle-même étoit très-bonne, comme on le verra bientôt, j'ajoutai $\frac{2}{8}$ de retailles de pierre, $\frac{2}{8}$ de sable & autant de sablon. Le blé qui vint dans ce mélange fut assez beau en 1771 ; il le fut encore davantage & plus abondant en 1772 ; mais les pieds de blé, quoiqu'assez nombreux, y étoient bas en 1773 : il s'y trouva néanmoins quelques épis qui répondoient au produit plus avantageux des deux autres années.

Mon dessein, dans les expériences dont je rends compte, n'avoit pas été principalement d'examiner l'effet que le fumier produit dans les terres, & de combiner sur cela des épreuves qui allassent à ce but d'une manière directe; mais en les variant de plusieurs façons, j'ai cru devoir employer quelquefois le fumier, soit afin de me rapprocher par-là de l'usage, & de prévenir les objections, soit pour observer si mes terres composées recevroient un avantage sensible de

X V.ᵉ
Expérience.

X V I.ᵉ
Expérience.

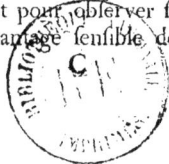

cet engrais, étant comparées à d'autres abfolument pareilles, qui n'auroient pas eu ce fecours. Il entra dans la feizième expérience $\frac{3}{8}$ d'argile & $\frac{2}{8}$ tant de fable que de fablon & de fumier. Cette épreuve réuffit affez bien en 1771 ; le blé y étoit beau auffi l'année fuivante ; mais la touffe qui le rendit n'étoit que médiocrement fournie ; elle l'étoit encore moins en 1773 ; les épis qu'elle donna étoient néanmoins affez beaux.

XVIIe Expérience. Le même mélange de terre dont j'ai parlé plus haut, comme propre à repréfenter à peu-près un terrein maigre, m'a fervi en grande partie pour la dix-feptième expérience. A $\frac{6}{8}$ de ce mélange, où l'on a vu qu'il n'entroit qu'un quart de terre inculte, & où le refte étoit du fable, du fablon & des retailles de pierres, par égales portions, j'ajoutai $\frac{2}{8}$ d'argile : je pouvois fuppofer, par l'addition de cette matière, qu'elle fuppléeroit à ce qu'il y avoit de moins propre à la végétation dans les autres parties du mélange qui avoit été affimilé à un terrein maigre & peu fertile. Je n'ai cependant pas trouvé une différence fenfible, pendant les trois années, entre les produits de la quinzième expérience & ceux de celle-ci : ils ont été affez beaux dans l'une & l'autre de ces expériences en 1771 ; & fi en 1772 le blé de la quinzième expérience étoit un peu plus vigoureux que celui de la dix-feptième, j'ai obfervé qu'en 1773 le blé de celle-ci étoit en meilleur état que celui de la quinzième.

XVIIIe Expérience. $\frac{2}{8}$ d'argile, une quantité pareille de marne, $\frac{3}{8}$ de fable & $\frac{1}{8}$ de fumier, composèrent le mélange de la dix-huitième expérience. La production y fut médiocre la première année ; elle y fut frappante par fa beauté en 1772 ; mais l'année fuivante le blé y étoit en mauvais état ; on y remarquoit à la vérité quelques épis affez beaux, mais les pieds de blé y étoient foibles, & les tiges baffes.

XIXe Expérience. Lorfqu'on fouilla les terres pour établir les fondemens de la nouvelle Monnoie, on tira de quelques endroits, à dix-huit ou vingt pieds de profondeur, un fable gras & limon-neux que je me propofai de comparer avec les autres terres

compolées ou pures qui faifoient la matière de mes épreuves.
J'employai d'abord pour la dix-neuvième expérience ce fable
limonneux feul & fans aucun mélange; le blé y a réuffi
pendant les trois années; il y étoit très-beau, fur-tout en
1772, & le fuccès n'y étoit guère moins marqué l'année
fuivante.

Ce même fable gras avec lequel je mêlai du fumier fur le **XX.ᵉ**
pied de ⅝ de celui-ci, & de ⅞ du premier, me fervit pour Expérience.
la vingtième expérience; le blé y étoit beau & vigoureux
au Printemps de 1771; on y voyoit en Été un affez grand
nombre d'épis; mais au mois de Juillet les tiges y éprouvèrent un defféchement trop prompt; l'épi n'y mûrit qu'im-
parfaitement & ne donna qu'un grain glacé & retrait : il
fut très-beau au contraire en 1772, & le fuccès n'y fut
pas moins frappant l'année fuivante, tant par l'abondance
des tiges que par la qualité du grain.

Je rapprochai de cette expérience fur un fable gras & **XXI.ᵉ**
limonneux, qui étoit, felon toute apparence, un dépôt très- Expérience.
ancien de la rivière de Seine, j'en rapprochai, dis-je, l'expérience fur une terre inculte depuis long-temps, mais qui me
parut bonne par elle-même : je la pris dans un endroit du
clos des Chartreux qui avoit été couvert long-temps par
de vieux arbres, & d'où ils avoient été arrachés depuis
peu. Cette terre inculte m'avoit fervi en partie pour la
quinzième & la dix-feptième expérience dont j'ai parlé. Je
l'employai feule pour la vingt-unième, & je la rendis plus
comparable par-là avec la dix-neuvième, où le fable limonneux étoit fans aucun mélange, ou étoit tel au moins que
je l'avois trouvé. Le blé dans cette terre inculte fut beau &
vigoureux en 1771; plus remarquable encore par fa force
& fa beauté en 1772; & fi la touffe de blé n'y a pas été
auffi fournie en 1773 qu'elle l'avoit été les deux années
précédentes, elle a donné néanmoins un affez grand nombre
de tiges, & un grain bien nourri.

Le mélange de terres relatif à la vingt-deuxième expé- **XXII.ᵉ**
rience fut compofé de ⅜ d'argile, d'une quantité pareille de Expérience.

C ij

plâtras, & de $\frac{2}{8}$ de fable. Le blé y réuffit affez bien la première année ; il y fut très-beau la feconde ; mais la troifième année il n'y eut qu'un petit nombre de pieds de blé, & que quelques épis affez beaux.

XXIII.ᵉ Expérience. L'avantage que l'on croit avoir reconnu quelquefois dans les cendres des plantes brûlées fur les terres labourables, & dans les fels qui réfultent de cette combuftion, m'engagea à les faire entrer dans quelques-unes de mes expériences, foit en les employant feules, foit en les mêlant avec d'autres matières d'une nature très-différente, auxquelles je préfumois que les cendres pouvoient convenir. J'en mêlai donc $\frac{2}{8}$ avec $\frac{3}{8}$ d'argile, & une égale quantité de fable. Le blé que j'obtins par cette expérience réuffit auffi affez bien la première année ; j'y eus un fuccès complet en 1772. Il ne fut pas tel, à beaucoup près l'année fuivante ; la touffe de blé étoit peu fournie, les épis cependant qu'elle donna étoient affez beaux.

XXIV.ᵉ Expérience. L'emploi des fumiers dans les terres labourables & dans d'autres terreins plus limités, où l'on veut favorifer la végétation, eft généralement adopté, & d'une utilité bien conftante ; mais l'avantage qu'on en retire eft-il dû feulement à la nature du fumier, comme engrais proprement dit, comme fourniffant à la terre des fucs, des fels, une fubftance analogue à celle des plantes, & par-là très-propre à les nourrir ? N'y a-t-il pas lieu de croire que les fumiers produifent auffi un bon effet dans les terres, par une voie purement mécanique ; c'eft-à-dire en les foulevant, en empêchant qu'elles ne deviennent trop compactes, & en donnant lieu, par leur fubdivifion, aux racines les plus déliées d'une plante de fe développer en auffi grand nombre qu'elle eft capable d'en fournir ? Cette dernière propriété, qu'on peut attacher avec quelque vraifemblance aux fumiers, fur-tout quand ils ne font pas trop chargés des excrémens des animaux, & que les pailles y confervent encore quelque confiftance, me fit naître l'idée de mêler $\frac{2}{8}$ de paille fraîche & hachée avec $\frac{3}{8}$ d'argile & autant de retailles de pierre. Je fentois bien que par ce mélange, & fur-tout par la trop grande ténuité à laquelle j'étois forcé de réduire la paille, pour la faire entrer dans mon expérience, je n'allois pas tout-à-fait à mon but, & je me privois de l'avantage que des pailles un peu longues, entremêlées & mifes au hafard par pelotons, euffent pu me procurer pour rendre l'argile moins compacte; mais il ne s'agiffoit que d'une première tentative, peu concluante à la vérité, mais propre à me guider pour la mieux faire en grand. Je n'obtins qu'un fuccès médiocre dans cette expérience pendant trois années : le blé y étoit cependant affez beau en 1772 ; mais en 1771 & 1773 la végétation y fut foible, & je n'en retirai qu'un petit nombre d'épis. On verra dans les obfervations générales quelle peut avoir été la caufe du peu de fuccès de cette épreuve.

Les expériences que je viens d'expofer fommairement, ne roulent pour la plupart, comme on a vu, que fur des mélanges de terres que j'ai combinées dans différentes proportions, & en tâchant de faifir un point par lequel quelqu'un de ces mélanges fe rapprochât de ceux qui s'opèrent fucceffivement dans la Nature, ou qui, formés depuis long-temps, conftituent les bonnes terres labourables. Il convenoit que je fiffe encore des épreuves fur chacune des matières qui entroient dans mes combinaifons, & qu'après en avoir tiré des productions particulières, j'examinaffe celles qui étoient les plus favorables à la végétation. Quoique ces matières ne fuffent pas pures & homogènes, elles étoient cependant, quant à l'objet fimple de mes recherches, comme des élémens que je pouvois diftinguer, relativement à la variété de mes opérations, & dont la nature étoit affez différente en elle-même pour qu'il en réfultât auffi des compofés très-différens. Ce fut donc de chacune de ces fubftances terreufes que j'effayai de tirer des productions, en les abandonnant, après y avoir femé du grain, & comme j'ai fait à l'égard des mélanges, à la marche ordinaire de la Nature, & aux intempéries des faifons.

La première de mes expériences en ce genre, & la vingt-cinquième dans l'ordre des recherches dont je rends compte, **X X V.ᵉ** Expérience.

concerna de vieux plâtre que j'avois pris au hafard, & qui paroiffoit être les débris de quelque corniche d'un appartement : le blé y a parfaitement réuffi pendant trois ans, tant par l'abondance des tiges & leur vigueur que par la beauté des épis : plufieurs d'entr'eux avoient fix pouces de longueur, & couramment ils y étoient de quatre à cinq. M.ʳˢ les Commiffaires que l'Académie voulut bien nommer au mois de Juin 1772, pour conftater l'état des blés qui réfultoient de mes expériences, en firent leur rapport à la Compagnie, & peuvent lui rappeler encore actuellement que la touffe de blé fournie par le vieux plâtre feul étoit frappante par fa force ; que le feuillage y étoit large & d'un vert très-foncé ; que la plupart des tiges, vigoureufes en elles-mêmes, s'élevoient à plus de cinq pieds ; & que les épis, tous en fleurs dans ce moment-là, préfentoient le coup-d'œil de la plus belle végétation en ce genre.

XXVI.ᵉ Expérience. J'employai pour la vingt-fixième expérience du fablon d'Étampes ; il étoit pur, très-net, & tel qu'on l'auroit mis en ufage pour former du verre. Les pieds de blé ne fe trouvèrent pas tout-à-fait auffi abondans dans cette expérience-ci, en 1771, que dans la précédente ; mais ce qu'il y en avoit réuffit également. La production, en 1772, ne le céda en rien dans le fablon à celle que donna le vieux plâtre, cette même année, & que j'ai dit avoir été fi frappante : mais en 1773, la touffe de blé que j'obtins du fablon étoit peu fournie ; on n'y remarquoit que fept à huit épis affez beaux.

XXVII.ᵉ Expérience. Le fable de rivière, tel qu'il entre dans la compofition du mortier, fut la matière de la vingt-feptième expérience. Le fuccès complet dont j'ai parlé plus haut à l'égard des produits que le vieux plâtre a donnés conftamment pendant trois années, a été le même dans le blé que j'ai recueilli du fable de rivière ; les plantes y étoient vigoureufes & abondantes ; les épis longs & bien garnis.

XXVIII.ᵉ Expérience. Le fuccès fut égal, & auffi conftamment marqué pendant trois ans, dans une autre expérience pour laquelle j'employai des retailles de pierre de Saint-Leu réduites en poudre, & dépouillées de tout ce qui leur étoit étranger.

Les décombres d'un bâtiment qu'on démolit font ordinairement compofés de pierres en partie détruites, de briques
ou de tuiles brifées, de mortier fans confiftance, de plâtre
pulvérifé, &c. Je pris dans des décombres de cette efpèce
les parties les moins groffières & réduites à l'état d'une terre
ordinaire : j'y femai du grain pour la vingt-neuvième expérience ; il y réuffit affez bien en 1771 & 1772 ; mais la
production y fut peu abondante en 1773 : j'y recueillis
néanmoins quelques épis très-beaux, parmi d'autres qui
n'étoient que d'une longueur médiocre.

L'argile de Gentilly, dont les Potiers de terre font ufage
à Paris, fut celle que j'employai pour cette expérience-ci.
J'ai dit au commencement de ce Mémoire la manière dont
je préparai cette argile pour la rendre propre à recevoir la
femence & à faciliter la germination du grain : le blé y
devint affez beau en 1771, quoique les pieds n'y fuffent pas
nombreux ; il y périt en 1772 ; mais en 1773 la touffe
de blé y étoit raifonnablement fournie, & elle donna de
très-beaux épis.

J'effayai, par celle-ci, de tirer quelque production de la
cendre feule de bois neuf, humeclée fimplement au point
qu'il le falloit pour que la femence y germât, & laquelle
confervoit par conféquent la petite quantité de fel alkali
qu'elle contenoit. Le blé, après y avoir germé, périt totalement en 1771. Je fus plus heureux dans ma tentative
l'année fuivante ; je n'eus pas, à la vérité, un grand nombre
de tiges, mais plufieurs d'entr'elles étoient vigoureufes, &
donnèrent des épis dont quelques-uns avoient quatre à cinq
pouces de longueur. Je ne tirai pas en 1773 le même avantage
de l'expérience fur les cendres ; outre qu'elles ne me four-
nirent qu'un très-petit nombre de pieds de blé, les tiges y
étoient foibles, & les épis médiocres.

Le blé que je femai dans la marne feule, & qui étoit la
matière de la trente-deuxième expérience, réuffit très-bien
en 1771 ; il étoit de la plus grande beauté en 1772 ; on

y remarquoit en effet des épis de fix pouces de longueur. Le fuccès de cette expérience ne fut pas auffi frappant l'année fuivante: quoique le blé y eût affez bien réuffi, il n'avoit pas en 1773 cette vigueur dans les tiges, & cette beauté dans les épis qui caractérifoient celui que j'avois obtenu de la même marne l'année précédente.

XXXIII, XXXIV & XXXV.ᵉˢ Expériences.

Les dernières expériences que je viens de rapporter ne roulent, comme on a vu, que fur chacune des matières qui avoient fait partie des terres compofées dont j'ai d'abord parlé: je les ai répétées à l'égard de plufieurs de ces matières, pendant trois ans, par des épreuves doubles, dans la vue, ou d'obtenir des réfultats pareils, ou d'examiner la caufe des différences qui s'y rencontreroient. On peut fe rappeler que le blé a très-bien réuffi, dans la vingt-huitième expérience fur les retailles de pierre feules, & que ce fuccès y a été complet pendant trois ans: il ne s'eft pas ainfi foutenu dans la trente-troifième, trente-quatrième & trente-cinquième expérience, où je n'avois employé également que des retailles de pierre. Si dans la première de ces trois épreuves correfpondantes, le blé après n'avoir donné, il eft vrai, qu'un produit médiocre en 1771, étoit en bien meilleur état en 1772, & a réuffi encore mieux l'année fuivante, j'ai obfervé que dans la trente-quatrième expérience la végétation a été plus foible que dans l'épreuve précédente: il eft même arrivé, à l'égard de la trente-cinquième, que quoique le blé y eût réuffi en 1772, il y manqua totalement en 1773. Mais je crois avoir reconnu la caufe de ce dernier accident, laquelle peut avoir influé auffi fur l'inégalité de végétation dont je viens de parler. M'étant aperçu en effet que le blé ne levoit point, pendant que dans les autres pots les plantes s'étoient annoncées, je remuai à un ou deux pouces de profondeur la furface des retailles de pierre; je remarquai que le grain y avoit germé par-tout, mais que cette furface de deux pouces ou environ d'épaiffeur, s'étant, pour ainfi dire, maftiquée par le premier & unique arrofement qui lui avoit été d'abord néceffaire, ou par les pluies fubféquentes, elle

avoit

avoit empêché que les plantes ne fortiffent : les unes s'étoient
repliées fur elles-mêmes ; d'autres s'étoient étendues horizon-
talement & étoient reflées jaunes, faute d'avoir pu gagner
l'air extérieur. Je préfume dès-lors que le peu de fuccès de la
répétition des expériences fur les retailles de pierre peut avoir
été occafionné par la nature même de cette matière qui fe
durcit après avoir été mouillée, & devient affez compacte
pour que le grain, lorfqu'il fe développe, ne la pénètre que
difficilement. Il étoit arrivé apparemment, par une de ces
circonftances heureufes qu'on remarque quelquefois dans le
cours d'un grand nombre d'expériences, qu'à l'égard de la
vingt-huitième, dont on a vu le réfultat, le grain que je
femai dans les retailles de pierre, ou ne s'y trouva qu'à une
profondeur convenable, ou que ces mêmes retailles réduites
à une moindre ténuité, donnèrent aux jeunes plantes des
iffues plus faciles pour percer la couche fupérieure de ces
retailles, puifque j'ai eu pendant trois ans confécutifs le plus
grand fuccès dans cette expérience.

Quoiqu'il y ait eu auffi beaucoup d'inégalité dans le
produit des expériences que j'ai répétées fur l'argile feule, XXXVI
néanmoins, pendant les trois années où je les répétai, par & XXXVII.ᵉ Expériences.
une double épreuve, les plantes n'y ont pas totalement péri,
comme nous avons vu que cet accident eft arrivé dans les
retailles de pierre en 1773, & dans l'argile en 1772, fuivant
la trentième expérience ; j'obtins même, dans la trente-
fixième, qui ne rouloit auffi que fur l'argile une touffe de
blé vigoureufe, garnie fuffifamment de tiges, & qui, dans
le nombre des épis qu'elle portoit, en donna quelques-uns
qui avoient fix pouces de longueur. Le produit de la trente-
feptième expérience, où l'argile feule étoit également employée, ne fut pas auffi avantageux en 1772 & 1773 que
le fut en 1772, celui de la trente-fixième dont je viens
de parler ; cependant le blé, quoiqu'un peu inégal, s'y
trouva affez beau dans les deux années où cette trente-
feptième expérience eut feulement lieu.

L'obfervation que j'ai faite au fujet des retailles de pierre.

D

qui , en devenant trop compactes , gênent les grains dans
leur germination, en font périr une partie, & s'oppofent
à l'accroiffement des jeunes plantes qui ont pu vaincre les
premiers obftacles, cette obfervation tombe également fur
l'argile , qui par elle-même fe durcit encore davantage que
les retailles de pierre dans les grandes féchereffes. On ne
peut venir à bout, en effet, de recueillir du grain dans de
l'argile qui en a donné l'année précédente, qu'en la brifant
de nouveau, en l'employant dans un état où en partie
réduite en poudre, & en partie compofée de petits morceaux d'inégale groffeur, elle eft aifément pénétrée par l'eau:
alors peu refferrée encore elle donne au grain logé dans fes
interftices la facilité de germer; la jeune plante a même le
temps de percer la couche qui la couvroit, & de jeter fon
premier feuillage avant que l'argile ait acquis un certain
point de dureté que la plante n'auroit pas peut-être pu
vaincre: ceci explique, je crois, pourquoi dans la trentième
expérience dont j'ai fait mention plus haut, & où l'argile
feule étoit employée, il ne germa qu'une partie des grains;
pourquoi les plantes qu'ils produifirent étoient foibles au
printemps de 1772; que leurs feuilles étoient étroites, &
qu'elles périrent enfin avant que les tuyaux s'y fuffent formés.
Ces plantes, fans doute, n'avoient pas eu l'aifance, tant à la
fin de 1771 qu'au commencement de l'année fuivante, de
développer leurs racines dans l'argile devenue trop compacte,
& de s'y établir de manière qu'elles ne fouffriffent au moins
qu'en partie l'altération que les gelées & la féchereffe pouvoient y occafionner. Le fuccès complet que j'obtins dans
l'argile en 1772, & par la trente-fixième expérience, ne
laiffe aucun doute fur les reffources que le blé y trouve pour
fon accroiffement, comme dans les autres matières que j'ai
employées; mais d'autres expériences prouvent en même-
temps que l'argile par fa nature, lorfqu'on ne fait ufage que
d'elle feule pour en tirer des productions, a une difpofition
à fe condenfer, & une tenacité dans fes parties qui font peu
favorables à la végétation.

Outre l'expérience fur les productions qu'on peut tirer du fablon pur, que j'ai déjà rapportée, & qui a eu lieu fur le même fablon pendant trois ans; je fis encore ufage de cette matière pour une double épreuve en 1772 & 1773; le blé y réuffit auffi parfaitement la première de ces deux années & dans l'une de ces épreuves, que nous avons vu qu'il a réuffi dans l'expérience du même genre dont j'ai parlé plus haut : il ne fut pas auffi beau dans l'autre de ces deux épreuves, en 1772, comme j'ai remarqué qu'en 1773 il fut généralement inférieur à celui de l'année précédente. Un fuccès frappant & au-delà de toute efpérance, la même année, dans une double expérience; moins de fuccès dans le même temps, & dans une épreuve correfpondante; une production plus foible, quoiqu'affez belle, l'année fuivante, dans une triple expérience, me donneront lieu d'examiner, dans le réfumé que je ferai à la fin de ce Mémoire, d'où peut naître cette différence, & fi la manière même dont les plantes prennent leur accroiffement dans le fablon ne laiffe pas entrevoir la caufe d'une pleine végétation dans certaines circonftances, & de l'affoibliffement des plantes dans d'autres.

J'employai encore les matières mélangées qui réfultent des décombres pour une deuxième épreuve: le blé y réuffit affez bien en 1772; mais il y périt totalement l'année fuivante, fans que j'en aie aperçu la caufe : on a vu que dans la première épreuve du même genre, dont j'ai rendu compte, cet accident n'eft pas arrivé pendant trois années confécutives : les productions que j'ai tirées des décombres, dans cette première épreuve, n'étoient pas à la vérité auffi belles & auffi abondantes que celles que j'ai obtenues des plâtras, du fablon, du fable, &c. mais la végétation s'y étoit conftamment foutenue; & en 1773, particulièrement, j'y recueillis de très-beaux épis.

On peut fe rappeler que dans le grand nombre d'expériences fur les matières mélangées dont j'ai donné le détail, la vingt - troifième tendoit à examiner l'effet qui réfulteroit des cendres jointes à une certaine quantité d'argile & de

XXXVIII & XXXIX.ᵉˢ Expériences.

X L.ᵉ Expérience.

XLI, XLII, XLIII & XLIV.ᵉˢ Expériences.

fable. J'ai dit que le blé avoit été affez beau dans cette terre
compofée en 1771; qu'il y avoit réuffi complètement l'année
fuivante, mais qu'en 1773, le fuccès n'y avoit pas été, à
beaucoup près, fi marqué: on a vu encore que la curiofité
feule m'ayant porté auffi à tenter une expérience fur les
cendres de bois neuf uniquement, & à les employer fans
les avoir leffivées, les plantes y moururent en 1771; que
ne m'étant point rebuté de cet accident, je femai de nouveau
du grain dans ces mêmes cendres; que le blé y réuffit affez
bien en 1772; qu'il y fut très-foible en 1773, mais qu'au
moins il n'y périt pas. La perte totale des plantes en 1771
me porta d'abord à croire que cet accident ne feroit peut-être
pas arrivé, fi je n'avois fait ufage que de cendres leffivées,
fur-tout en confidérant que mon expérience réuffit en 1772,
qu'elle ne manqua point l'année fuivante, & que j'étois fondé
à regarder les cendres, pendant les deux dernières années,
comme leffivées jufqu'à un certain point, tant par le premier
arrofement qui avoit été néceffaire dans le moment où j'y
femai le grain, que par les pluies auxquelles les cendres avoient
été expofées pendant dix mois ou environ que les plantes
y avoient fubfifté pour leur entier accroiffement. Ce fut par
une fuite de cette idée que je femai du grain en 1773,
tant dans des cendres leffivées que dans d'autres qui ne
l'étoient pas: plufieurs expériences de ce genre que je fis
avec attention, & en les rapprochant les unes des autres,
afin qu'elles fuffent bien comparables, n'eurent aucun fuccès:
le grain germa, à la vérité, dans les cendres, foit chargées,
foit dépouillées de leur fel alkali; mais les plantes ne s'y
montrèrent point; & à peine ai-je eu un pied d'orge dans
un des pots qui contenoit des cendres leffivées. Quoique je
ne puiffe pas compter exactement fur ces dernières expériences, parce que j'y éprouvai des accidens qui coupèrent
le fil de mes obfervations, & m'obligèrent de femer de l'orge
au printemps, dans les mêmes cendres où j'avois mis d'abord
du blé d'hiver, & enfuite du blé de mars; cependant j'ai
remarqué, par un premier coup-d'œil, que les plantes ont

autant de peine à réuffir dans les cendres leffivées que dans celles qui ne le font pas; que la germination du grain un peu tardive, il eft vrai, y a lieu comme dans les autres fubftances terreufes; que les jeunes plantes qui s'élèvent des cendres font foibles & un peu rachitiques; que leurs premières feuilles font jaunes, flétries & paroiffent fouffrir, fur-tout quand on les confidère à côté d'autres plantes de la même efpèce & du même âge, qui tirent d'une terre favorable toute la vigueur d'une pleine végétation. Ce n'eft qu'après que les plantes qui ont pu réuffir dans les cendres s'y font bien établies, & y ont multiplié leurs racines, qu'elles acquièrent un certain degré de force, qu'elles réfiftent à la gelée, aux grandes chaleurs, à la féchereffe même, qu'elles donnent des tiges affez fortes, & fourniffent des épis de quatre à cinq pouces de longueur, comme ceux que je recueillis des cendres en 1772. La difficulté qu'ont les plantes à y réuffir, me donnera lieu d'examiner dans la fuite de ce Mémoire, comment on pourroit préfumer qu'elles profpèrent dans les autres matières que j'ai employées; quel avantage inhérent au principe de la végétation elles y trouvent, tandis que les cendres n'offrent qu'une partie de cette reffource effentielle, & font de nature à la dérober aux plantes, loin de la leur procurer à mefure qu'elles en ont befoin.

Après avoir donné le détail de mes expériences, tant fur les terres compofées, que fur chacune des matières qui entroient dans leur mélange, je reviens à quelques-unes de ces expériences, foit comme plus dignes d'attention par elles-mêmes, par le fuccès qu'elles ont eu, foit comme propres à faire naître des réflexions par l'inégalité de productions qu'on y a remarquée.

On a vu que dans la première de ces expériences, faite fur $\frac{3}{8}$ d'argile, $\frac{3}{8}$ de retailles de pierre, & $\frac{2}{8}$ de fable, le fuccès avoit été complet pendant trois ans. On fe rappelle encore que dans la quatrième & la cinquième expérience, où je n'avois employé que $\frac{2}{8}$ d'argile, $\frac{3}{8}$ de fable, & une quantité pareille de retailles de pierre, les productions avoient été également belles pendant trois années confécutives. Il réfulte premièrement de ces trois expériences, qu'un quart d'argile, joint aux autres matières dont il y eft parlé, eft auffi avantageux que trois huitièmes mêlés avec ces mêmes matières : & il eft bon, comme je l'ai déjà obfervé, qu'une moindre quantité d'argile produife dans les terres tout l'effet utile qu'on peut en efpérer, par la raifon qu'elle ne fe mêle que difficilement avec les autres fubftances terreufes, pour une opération de l'efpèce de celles dont il s'agit ici ; par la raifon encore qu'elle tend trop par fa nature à les lier d'une manière intime, à empêcher qu'elles ne s'ameubliffent parfaitement, & à leur donner une compacité que les plantes, dans certaines circonftances, ont de la peine à vaincre.

Il réfulte en fecond lieu, du produit conftant de ces mélanges, qu'ils paroiffent auffi avantageux aux plantes que les bonnes terres ordinaires qui n'ont pas même porté de grain depuis long-temps, telles que la terre inculte du clos des Chartreux que j'ai employée dans la vingt-unième expérience, ou même que le fable limonneux tiré des fondations du nouvel hôtel des Monnoies, & dont j'ai fait ufage pour la dix-neuvième & la vingtième expérience : il eft remarquable encore que ces mélanges ont donné des productions plus belles que n'en rendent quelquefois des terres labourables ordinaires & en culture réglée, telles que la terre de Châtillon-fur-Morin, foit pure, foit jointe à de la marne & du fumier, laquelle, en l'un ou l'autre état, a été la matière de la neuvième & de la dixième expérience.

L'expofé que j'ai fait de la fixième & de la huitième expérience m'ayant donné lieu de remarquer que l'union du fablon d'Étampes avec l'argile n'étoit pas favorable aux plantes, parce qu'il réfultoit de cette combinaifon une matière dure que l'eau pénétroit difficilement, & qui, en gênant les plantes, les privoit encore d'une partie de l'humidité dont elles avoient befoin, je n'infifterai point fur l'inconvénient d'un pareil mélange qu'il eft affez naturel de concevoir, & que l'expérience a confirmé. Il eft vrai que le fablon ayant été mêlé avec d'autres matières dont l'argile faisoit partie, dans la quatorzième & la seizième expérience, il n'a pas nui absolument à la végétation, quoiqu'elle s'y soit moins soutenue dans une certaine force, qu'elle ne s'est maintenue dans d'autres expériences dont j'ai parlé; mais ce même sablon produit un meilleur effet quand on le mêle avec d'autres matières qui approchent de sa nature, & qui, comme dans la onzième expérience, forment avec lui un composé friable que l'eau pénètre aisément.

La marne jointe à une terre labourable ordinaire n'a pas produit un avantage sensible, suivant la septième & la dixième expérience; le fumier uni à la marne, dans une terre de la même espèce paroît y avoir été utile, sur-tout en 1772, suivant la neuvième expérience; mais ce bon effet a disparu en 1773; le blé y étoit en assez mauvais état. Je n'ai garde, d'après ces premières épreuves & des observations faites sur d'aussi foibles mélanges, de regarder la marne, ou comme inutile lorsqu'on l'emploie seule dans les terres, ou comme d'une médiocre ressource, quand on l'y joint aux fumiers : toutes mes expériences tendent au contraire à prouver que la marne, par sa nature, peut améliorer un terrein sablonneux, & en général tous ceux où, par le défaut d'une quantité suffisante d'argile & de matière calcaire, les parties terreuses sont peu liées entr'elles, & perdent promptement l'humidité qu'elles reçoivent.

Quant à l'usage où sont les laboureurs de joindre le fumier à la marne, afin que celle-ci, disent-ils, produise l'effet qu'on en attend, il n'est pas à présumer, je crois, que cette utilité de la marne dépende foncièrement des engrais qu'on met dans les terres où elle a été répandue; elle a son effet propre, mais qui doit devenir plus marqué quand les fumiers s'y trouvent réunis. Au surplus, un usage universel, & depuis long-temps établi, paroît ne laisser aucun doute sur l'utilité de ce mélange dans les terres: on sent d'ailleurs que favorable par lui-même à la végétation, il ne peut que rendre plus fertile un terrein où le sable est très-abondant, tandis que la partie argileufe y eft bien au-deffous de la proportion convenable dans laquelle la contiennent les excellentes terres à labour , & les terres compofées qui m'ont donné conftamment de fi beaux produits.

Le grain que j'ai femé dans les décombres de bâtimens joints, foit à l'argile feule, foit à d'autres matières, telles que le fablon & la marne, n'y a réuffi que jufqu'à un certain point, fuivant la douzième & la quatorzième expérience, ou du moins, s'il y a eu un fuccès complet en 1772, cet avantage ne s'y eft pas également foutenu: on a vu même, par la vingt-neuvième expérience, que les décombres feuls n'ont pas été auffi favorables à la végétation que d'autres fubftances terreufes que j'ai employées pures : cependant ils paroiffent produire un meilleur effet, lorfqu'on les mêle avec d'autres matières que lorfqu'on les emploie feuls. Mais comme ces décombres peuvent beaucoup varier, tant par la nature, que par la quantité des matériaux qui les compofent, il feroit difficile de déterminer précifément l'ufage qu'il conviendroit d'en faire, relativement aux efpèces de terres fur lefquelles on feroit à portée de les répandre. Il fembleroit néanmoins que, de quelque manière qu'on les fuppofât compofés, ils pourroient convenir aux terres trop abondantes en argile, par la raifon qu'ils n'en contiennent pas eux-mêmes communément, & que les différentes matières qui s'y trouvent étant propres par leur nature à interrompre la trop grande liaifon d'un terrein, elles peuvent le rendre plus pénétrable à l'eau, & contribuer en même-temps à le rendre meuble, à la faveur des labours multipliés.

On peut fe rappeler que j'ai eu pour objet dans la quinzième expérience de faire un mélange qui eût quelque rapport avec une terre maigre & peu fertile : on peut fe rappeler encore que dans la dix-feptième expérience j'ai employé en grande partie ce même mélange, mais en y ajoutant de l'argile, pour examiner fi elle le rendroit plus avantageux. Ces deux expériences ont affez bien réuffi: la végétation étoit belle, fur-tout dans la quinzième, en 1772. L'argile

qui,

qui, dans la dix-feptième, faifoit partie du mélange, ne m'a pas paru produire plus d'avantages: peut-être le fablon qui y étoit entré pour $\frac{3}{16}$ a-t-il nui un peu à l'expérience, comme nous avons remarqué qu'étant joint à l'argile dans d'autres épreuves, il n'a pas produit un bon effet.

En vain l'on efpéreroit fans doute de tirer d'un terrein fablonneux, abondant en pierres, & où la terre végétale ne feroit qu'en petite quantité, des productions auffi belles que celles que j'ai recueillies en 1772, dans la quinzième expérience, qui rouloit, comme on a vu, fur un mélange de terre de la même nature, & qui pouvoit être affimilé à un fol peu fertile; mais il y a ici une obfervation effentielle à faire fur ce qui me paroîtroit être la caufe d'un réfultat fi différent.

Les terres réputées maigres, & qui ne s'annoncent que trop comme telles au premier coup-d'œil, ces terres confidérées en grand, & dans les vues générales de l'Agriculture, feront toujours d'un foible rapport par elles-mêmes, & indépendamment des engrais dont on peut fe fervir pour les améliorer, parce qu'elles ne font pas de nature à conferver long-temps l'humidité néceffaire aux plantes: lorfque le fable en effet y eft trop abondant, elles font fufceptibles d'une grande chaleur; l'eau s'y évapore promptement, & les racines y languiffent au Printemps & en Été, à moins que des pluies fréquentes ne réparent dans ces faifons les pertes trop rapides que ces terres éprouvent. Il n'en eft pas ainfi dans mes expériences particulières; j'obvie, autant qu'il eft poffible, à cet inconvénient d'une féchereffe fi funefte aux plantes, quelle que foit la matière où elles croiffent, en plongeant dans la terre, & dans une terre qui recèle toujours une certaine moiteur, les pots où mes plantes s'élèvent: ils confervent par-là, en effet, une grande partie de l'humidité qu'ils reçoivent par les pluies, & ils profitent en outre, à travers leurs parois, de celle que contient la terre dont ils font environnés.

En confidérant que du plâtre, du fable, des retailles de

E

pierres m'ont donné chacun féparément des productions vigoureufes pendant trois ans, & qu'il n'y auroit jamais lieu d'attendre un pareil avantage d'un vafte terrein qui ne feroit compofé que de quelqu'une de ces matières, ou dans lequel elles fe trouveroient mêlées, il feroit difficile, je crois, d'affigner une autre caufe de la grande différence des produits, que celle dont je viens de parler : elle fe préfente naturellement dans un des points de mes expériences, qui d'abord n'annonce rien de bien effentiel en foi, & qui cependant paroît être le principe de leurs fuccès, puifque mes plantes, à la grande fécherelle près dont je les y ai garanties, n'y ont pas trouvé plus de reffources, pour la force qu'elles y ont acquife chaque année, que ne leur en auroit fourni un vafte terrein fablonneux, ou compofé prefqu'entièrement de craie, comme la Champagne, dans certains endroits, en offre de très-étendus.

Quoique les fumiers foient avantageux en général dans l'Agriculture pour rendre la végétation plus forte, l'utilité n'en eft pas cependant durable ; & fi une terre eft privée d'engrais pendant plufieurs années, après en avoir reçu affez abondamment, on s'en aperçoit bientôt, à moins que des labours multipliés & profonds, fi la nature du fol le permet, ne fuppléent à l'avantage que procurent les fumiers, joints aux labours ordinaires.

Le fumier eft entré dans plufieurs des expériences que j'ai faites : il a produit un bon effet dans la neuvième en 1771 & 1772 : je n'en ai tiré aucun avantage, pour cette même expérience, en 1773. Il en a été ainfi, à peu-près, pour la feizième. Je n'ai auffi obtenu que de foibles productions en 1773, dans la dix-huitième expérience, où le fumier faifoit partie du mélange, quoiqu'elles y euffent été très-belles l'année précédente : il eft vrai que dans la vingtième expérience où j'avois mêlé une certaine quantité d'engrais avec le fable gras dont j'ai déjà parlé, j'obtins une forte végétation en 1771, & j'eus le fuccès le plus complet en 1772 & 1773 ; mais ce fable limonneux étoit par fa nature

favorable à la végétation, comme on a vu dans la dix-neuvième
expérience où je l'employai feul; & fi le fumier l'a rendu
encore plus fertile, fur-tout en 1773, année où cet engrais
n'a paru d'aucune utilité dans d'autres matières, après y
avoir produit fon effet pendant deux ans, au moins doit-on
faire entrer pour beaucoup dans le fuccès, le fond avantageux auquel le fumier étoit appliqué, & la combinaifon plus
heureufe qui, apparemment, en eft réfultée.

Je fuis bien éloigné certainement de vouloir, d'après ces
expériences, tirer des inductions pofitives fur le peu de durée
de l'effet des fumiers dans les terres cultivées en grand, fur
les avantages plus ou moins confidérables qu'ils y procurent,
& fur la nature des terres où ces avantages s'annoncent le
mieux : je n'entrerai pas même dans la queftion de favoir fi
les labours multipliés, & la meilleure préparation des terres,
en ce point feul, eft capable de fuppléer aux engrais avec la
culture ordinaire, quoique les expériences dont je rends
compte, & d'autres épreuves antérieures, puffent me conduire à toucher cette queftion, & à faire fentir toutes les
reffources qu'il y a pour la végétation dans un terrein bien
cultivé, & indépendamment du fecours des engrais. Un
coup-d'œil attentif fur les belles productions que j'ai eues
conftamment dans quelques-uns des mélanges qu'on a vus,
& que j'ai obtenues féparément dans plufieurs des matières
qui faifoient partie de ces mélanges, avertira fans doute de
ces reffources frappantes; on les remarquera fur-tout avec
furprife dans les produits que j'ai tirés du fablon pur : j'en
parlerai bientôt, en expliquant la manière dont le blé a établi
fes racines dans le fablon, & a gagné d'un côté ce qui lui
étoit refufé d'un autre, par une matière fi peu propre en
apparence à la végétation : j'écarterai donc ces points parti-
culiers de difcuffion qui m'éloigneroient de mon but, &
demanderoient pour être approfondis des tentatives en grand,
une longue fuite d'épreuves & des combinaifons qu'un terrein
de la même nature ne comporteroit pas. Qu'il me foit permis
feulement d'infifter un peu fur une réflexion que j'ai faite

au sujet de la vingt-quatrième expérience, où j'employai $\frac{2}{8}$ de paille fraîche & hachée avec $\frac{3}{8}$ d'argile & autant de retailles de pierre. J'ai insinué qu'on pourroit présumer avec quelque fondement que le bon effet qui résulte de l'emploi des fumiers est dû en partie à la subdivision, au soulèvement des parties terreuses qu'ils occasionnent par leur mélange avec elles : j'ai observé que par ce secours, purement mécanique, les plantes développent plus facilement leurs racines & en acquièrent de plus fortes ; qu'une multitude de ramifications très-déliées sont la suite de ce développement, & que la vigueur des plantes est proportionnée à la multiplication des suçoirs qu'elles ont pu produire. On verra cet avantage bien marqué dans les racines des plantes vigoureuses que le sablon a fournies, & que je comparerai à d'autres racines qui ont poussé dans un terrein ordinaire.

Il est certain que les fumiers, par leur substance, sont très-propres à la nourriture des plantes, & que leurs sucs seuls, dont une terre est imbibée, sont souvent la cause des plus belles productions : on remarque en effet tous les jours qu'elles deviennent frappantes dans les petits espaces limités des terres labourables où l'on a déposé le fumier par monceaux, & où il a séjourné pendant quelque temps avant que d'être répandu sur le terrein : ne laissât-on aucune des parties les plus grossières de l'engrais sur les endroits dont je parle, les plantes qu'ils produisent se ressentent du séjour des fumiers, & n'éprouvent sans doute cet avantage qu'à raison des sucs qu'ils ont déposés.

Ainsi, en convenant que les engrais, par les principes qui les constituent proprement, par l'état dans lequel on les emploie, & où ces principes peuvent être plus ou moins abondans, en convenant, dis-je, que les engrais, par eux-mêmes sont favorables à la végétation, il y a lieu de penser qu'ils contribuent d'ailleurs à rendre les terres moins compactes, & à faciliter aux plantes l'extension de leurs racines. On a vu dans le compte que j'ai rendu de la vingt-quatrième expérience, qui étoit dirigée, autant que mes foibles essais le permettoient, vers le point particulier de phyfique dont il s'agit, que cette expérience n'a pas réuffi, du moins pendant la première & la dernière des trois années où je l'ai faite. En réfléchiffant fur le peu de fuccès que j'ai eu par le mélange de la paille hachée avec de l'argile & des retailles de pierre, on préfumera avec beaucoup de fondement que fi je n'ai pas réuffi, c'eft que les pailles, dans l'état de ténuité où elles étoient, loin d'avoir produit l'effet auquel elles paroiffoient tendre, ont occafionné dans le mélange une liaifon à laquelle je n'avois pas penfé. Je ne m'aperçus bien de cette liaifon, & de la dureté qu'acquéroit par-là le mélange qu'au mois d'Octobre de l'année 1771 : je ne le réduifis alors qu'avec peine à l'état d'une terre broyée groffièrement, & tel qu'il convenoit pour que le mélange ainfi préparé reçût une nouvelle femence. Cet effet nuifible à la végétation, ne réfulteroit pas fans doute de l'union de la paille fimple avec une terre ordinaire où l'argile ne domineroit pas : on fent même qu'il en devroit naître un tout oppofé, d'après l'idée que j'ai préfentée, fi ces pailles en nature de fumier, & divifées comme elles font toujours par morceaux affez gros, fe trouvoient entremêlées avec une terre forte & où l'argile abonderoit : ces petits amas de pailles, convertis en fumier, font capables en effet d'interrompre alors la trop grande liaifon des terres, d'empêcher qu'elles ne foient battues par les pluies, & d'y ménager des interftices, où ces mêmes pluies s'infinuent; tandis que cet avantage, fi effentiel aux plantes, n'a lieu que fuperficiellement dans une terre compacte, & où les eaux ne trouvant pas jour à la pénétrer s'écoulent fans utilité fur la furface du terrein *(a)*.

(a) M Duhamel, qui a donné dans fes Élémens d'Agriculture, *Tome I.ᵉʳ* page 225, un précis inftructif d'une multitude d'expériences & d'obfervations en ce genre, qu'il avoit publiées fucceffivement, remarque au fujet de l'utilité bien reconnue des fumiers, « qu'on ne fait point s'ils agiffent en retenant l'humidité qui eft abfolu- « ment néceffaire pour la végétation, « ou en rendant plus légères les terres « trop compactes, pour mettre les ra- « cines en état de s'étendre, ou en ex- « citant par les fubftances graffes & « huileufes qu'ils contiennent une forte « de fermentation dans l'intérieur de ■

Il eſt donc aſſez naturel de penſer que l'emploi du fumier dans les terres eſt doublement avantageux. Si les Agriculteurs & même preſque tous les Auteurs qui ont écrit ſur cette matière n'ont pas été frappés juſqu'ici de l'utilité particulière que je crois pouvoir y attacher, c'eſt uniquement parce qu'ils ne ſe ſont rendus attentifs qu'à celle qui eſt inhérente à la nature même des engrais ; par la raiſon encore que ces deux avantages ſont toujours réunis, & que des expériences ſur un terrein où il n'entroit point de fumier, & où le ſuccès cependant s'eſt long-temps ſoutenu, ne pouvoient conduire qu'indirectement les Agriculteurs à les bien diſtinguer *(b)*.

» la terre ; fermentation qui aide à cette » eſpèce de digeſtion, par laquelle ſe » prépare dans la terre le ſuc nourri-» cier des plantes ; ou enfin ſi quelque » partie des fumiers, ſoit huile, ou ſel » volatil, paſſe comme aliment dans les plantes ».

Il paroîtroit aſſez certain, d'après le bon effet que les fumiers produiſent dans les terres, lors même qu'ils n'ont ſéjourné ſimplement qu'à leur ſurface, & que les ſucs qu'ils contenoient ont ſeuls pénétré dans les terres, à quelques pouces de profondeur ; il paroîtroit, dis-je, qu'on ſeroit fondé à conclure qu'ils y agiſſent par leur vertu propre, & en procurant aux plantes, ou un aliment particulier, ou un ſecours pour mieux tirer des terres celui qu'elles en reçoivent.

En admettant l'avantage qui réſulte des fumiers par eux-mêmes, lorſqu'on les mêle avec les terres, on pourroit encore, par une ſuite d'un des meil-leurs principes d'Agriculture, qui eſt l'ameubliſſement du ſol, conſidérer les fumiers comme opérant, ainſi que je l'ai dit, par une voie mécanique, & tenant les terres fortes, pendant quelque temps un peu plus ſoulevées qu'elles ne le ſeroient ſans cette inter-poſition des engrais.

Ainſi les principes reçus en Agri-culture, & l'expérience même ſe réu-niroient pour faire regarder les fumiers comme utiles à pluſieurs égards, quoi-qu'il pût y avoir un côté par lequel cette utilité fût plus marquée. Et ceci donne lieu d'obſerver qu'il y a ſouvent dans les agens qui concourent aux opérations de la Nature, un avantage plus étendu que celui qu'on entrevoit ; & que le point utile qui nous frappe, ou n'eſt pas quelquefois le principal en ſoi, ou n'auroit pas l'effet avan-tageux que nous remarquons, ſi d'autres moins apparens ne concou-roient pas à la production de cet effet. Tout eſt lié admirablement dans la Nature, tout s'y prête un ſecours mutuel ; & nous ſaiſirions mieux ſans doute les vérités qui s'y trouvent unies, ſi nous les conſidérions moins d'une manière iſolée, & relativement aux premières idées, quoiqu'aſſez juſtes en elles-mêmes, qui ſe préſentent aux eſprits attentifs.

(b) Lorſqu'on marche dans une terre labourable, nouvellement enſe-mencée, & où il a été répandu une quantité ſuffiſante de fumier, avant que le dernier labour, ou la derniere préparation à la herſe y ait été donnée, on s'aperçoit que le pied plonge ſou-vent dans cette terre, & qu'elle eſt beaucoup plus ſoulevée que ne l'eſt

J'ai fait obferver, en rendant compte des productions que j'ai tirées du fablon pendant trois ans, & par des expériences répétées, qu'il y avoit eu de l'inégalité dans la force des produits. Si le fuccès, dans quelques-unes de ces épreuves a été beaucoup au-delà de ce que je pouvois attendre, il n'en a pas été ainfi dans quelques autres. Cependant tout étoit égal, en apparence, tant dans la matière des expériences que dans la façon de les exécuter. Les différens pots que j'y avois employés contenoient la même efpèce de fablon; ils avoient reçu une femence pareille, & je les avois renfermés tous dans la terre, à quelque diftance les uns des autres, & à un travers de doigt près des bords fupérieurs de ces pots, afin que la terre du jardin, fe trouvant un peu au-deffous, ne fe mêlât pas avec le fablon. S'il n'y a eu aucune différence dans les précautions qu'il étoit naturel que je priffe pour des expériences correfpondantes, & qu'il y en ait eu cependant dans la quantité & la force des productions, on doit préfumer que tout n'a pas été égal dans les fecours que les plantes ont tirés, pour leur accroiffement, de la terre qui environnoit les pots, & dans la facilité de recevoir ces fecours, que la porofité plus ou moins grande des pots pouvoit inégalement leur procurer.

Les blés que produifent les meilleures terres labourables ne jettent qu'une quantité peu confidérable de racines; de cinq ou fix d'entr'elles qui font affez fortes, il en part d'autres plus menues, longues de trois à quatre pouces, & garnies elles-mêmes de ramifications très-légères : le chevelu de la racine des blés n'eft pas abondant en général; mais il fuffit

une autre terre préparée au même point, mais qui n'a pas reçu d'engrais. C'eft précifément cet état d'un terrein foulevé, à quelques pouces de profondeur, qui a des fuites avantageufes pour la végétation, & qu'on tâche d'obtenir par les labours multipliés; & ce dernier moyen y mène certainement; mais fon effet n'eft pas auffi durable que celui qui naît de l'emploi des fumiers : par cette dernière voie il réfulte moins d'inconvéniens pour le grain, des fortes mottes de terre qui échappent toujours au foc de la charrue, & on fufpend bien plus long-temps l'affaiffement des terres.

en cet état, dans les meilleures terres, pour la production parfaite du grain.

La marche de la Nature n'eſt plus la même, lorſque les plantes doivent paſſer par tous les degrés de leur accroiſſe-ment dans une matière où elles ne trouvent preſque point de reſſource pour leur nourriture, & où l'humidité ſupplée ſeule aux ſecours qu'un terrein moins ingrat fourniroit : les plantes alors jettent d'abondantes racines ; les ramifications ſe multi-plient ; elles ſe développent en tout ſens ; & il ſemble que leur nombre augmente à meſure qu'il y a de l'humidité à ſaiſir, & qu'elles en trouvent la facilité, par le peu de liaiſon de la matière dans laquelle la plante croît.

L'obſervation que je fais ici, a une application bien natu-relle dans les productions que j'ai obtenues du ſablon, & ſur-tout dans le produit qu'il m'a donné en 1772. Je ne m'arrêterai pas à conſidérer que les pieds de blé provenus de cette expérience, portoient des tiges plus vigoureuſes & plus élevées qu'elles ne le ſont communément ; des épis de cinq à ſix pouces de longueur, & bien fournis de grains qui acquirent toute leur maturité : mon principal objet, dans ce moment-ci, eſt de faire remarquer que les racines du blé produit par le ſablon, étoient tout autrement garnies de ramifications qu'on ne les voit dans les blés ſortis des terres labourables ; elles étoient étendues dans toute la maſſe du ſablon, & formoient une touffe de chevelu très-fin qui répondoit, pour ſon volume, à la capacité du pot où avoient été élevées les plantes dont ces racines dépendoient. Ce qui mérite encore quelque attention, dans cette prodigieuſe multi-plication des racines, qui étoit dûe principalement à l'état de moiteur que conſervoient les pots, dans mes expériences, comme environnés toujours d'une terre humide, c'eſt que les parois intérieures de celui qui contenoit le ſablon étoient tapiſſées d'une eſpèce de toile fine & croiſée en tout ſens, qui n'étoit autre choſe qu'un tiſſu de racines très-déliées : en ſe croiſant ainſi les unes ſur les autres, elles avoient renfermé dans leurs interſtices des particules de ſablon ; & le tiſſu qui

en

en étoit réfulté avoit toute la foupleffe d'une toile ordinaire
& une certaine confiftance qu'il a encore aujourd'hui, quoique
très-defféché. Il falloit en effet que ces racines qui, en partant
du pied des plantes, fe prolongeoient fans ceffe, pour profiter
de l'humidité toujours nouvelle des parois intérieures du
vafe où elles étoient maintenues, fe collaffent enfin à ces
mêmes parois, ne pouvant pas aller au-delà, qu'elles s'y
étendiffent continuellement & s'y entremêlaffent en faifant
entrer dans leur texture irrégulière les particules de fablon
qu'elles rencontreroient. Ce fait, bien conftant, & fur
lequel on jugera qu'il étoit à propos que j'infiftaffe, explique
comment, dans une matière auffi peu propre par elle-même
que le fablon pour la production des plantes, elles y trouvent
cependant des reffources; elles profitent du peu de liaifon
des parties pour s'y infinuer en tout fens, & s'y établiffent
de manière à ne rien perdre de l'humidité, de la moiteur
fimple quelquefois qui les fait fubfifter *(c)*.

(c) Je répéte, en 1774, toutes les expériences que j'ai rapportées, & j'y en ajoute d'autres dont je rendrai compte à la fuite de ce travail. Parmi ces dernières, il en eft quelques-unes qui prouvent au moins autant que celles où je n'ai employé que le fable & le fablon, combien l'humidité feule, & indépendamment de toute matière terreufe, influe fur la végétation. Au moment où l'on imprime ce Mémoire, je recueille du blé de mars qui n'a crû cependant que dans du verre pilé & réduit à la ténuité affez inégale d'une terre ordinaire. Quoique les plantes qui m'ont donné ce blé fe foient trouvées très-foibles, & n'aient produit que des épis un peu courts, ce qui peut avoir été occafionné par toute autre caufe que la nature de la matière où elles ont été élevées, puifque j'ai remarqué le même affoi-bliffement de plantes dans d'autres matières beaucoup plus favorables à la végétation, cependant les grains que le verre pilé m'a fournis font parvenus à leur maturité, & pourront fans doute fe reproduire eux-mêmes dans la matière fi ingrate où je les ai recueillis: plufieurs de ces grains, en effet, que j'ai femés dans une terre ordinaire, y ont déjà germé, & pro-duit au-dehors leurs premières feuilles; ce qui fuffit fans doute pour déter-miner l'effet effentiel de la végétation. Je dois faire obferver encore que la principale maladie du froment, dont j'ai défigné les fuites pernicieufes fous le nom de *carie*, s'eft manifeftée dans le blé de mars que j'ai recueilli du verre pilé. J'avois déjà prouvé par une multitude d'expériences que cette maladie contagieufe étoit abfolument indépendante du fol où le blé croiffoit, & qu'inhérente à la plante même, elle fe perpétuoit principalement par la poudre peftilentielle que les grains corrompus contenoient. Voilà dans les

F

Jusqu'ici on voit évidemment que les plantes produites par le sablon ne le cèdent en rien à celles que fourniffent les meilleures terres, & que ce fuccès eft dû à la multiplication des racines dans une matière confervée en un certain état d'humidité, ou au moins de fraîcheur, & favorable par fa nature même à leur développement: mais on ne faifit pas d'abord la caufe de l'inégalité bien marquée de production, dans des expériences correfpondantes, où tout paroît égal, pour les précautions qu'elles exigeoient.

Il eft certain que les pots relatifs à ces expériences étant peu éloignés l'un de l'autre ont reçu, pendant l'efpace de neuf à dix mois, le même bénéfice des pluies, & que l'humidité fournie au fablon de ce côté-là, ou la diminution de cet avantage, par les féchereffes accidentelles, ont dû s'y trouver les mêmes dans le cours de la végétation: mais l'humidité que les pluies procuroient au fablon n'étoit pas la feule, & peut-être la principale dont il profitât dans mes expériences: celle que contenoit la terre dont les pots étoient environnés leur devenoit utile, n'eût-ce été que pour entretenir les parois des pots dans une fraîcheur conftante, & fuppléer à l'évaporation de l'eau que le fablon recevoit par le fecours des pluies.

S'il eft certain que par cette précaution néceffaire, j'ai obtenu de très-belles plantes du fablon pur, il ne l'eft pas de même que j'aie placé les pots de mes expériences correfpondantes dans des endroits fufceptibles du même degré

grains *cariés* que le verre pilé m'a donnés, parmi d'autres qui étoient fains, une nouvelle raifon d'attribuer la caufe de cet accident à toute autre chofe que la nature du terrein, puifque la matière la moins capable de communiquer quelque vice aux plantes, telle que le verre, en a produit cependant qui étoient attaquées de la plus funefte des maladies auxquelles le froment foit fujet.

Des fragmens de brique broyés groffièrement, dans lefquels j'ai femé auffi du blé de mars m'ont fourni les mêmes réfultats que le verre pilé, quoique cette première matière mette peut-être plus d'obftacles que le verre à l'accroiffement des plantes, par la raifon que les molécules de l'argile cuite & enfuite broyée abforbent l'eau facilement, en recèlent une partie, & privent par-là les racines des plantes d'une efpèce de *contact aqueux* dont je parlerai bientôt.

d'humidité, & capables par leur difpofition de la conferver auffi longtemps, & au même point les uns que les autres. D'ailleurs, les parois & le fond de ces pots ont pu fe trouver plus ou moins perméables à l'eau que contenoit la terre dont ils étoient environnés: ceux de ces vafes, affez mal cuits ordinairement, à travers defquels elle a plus facilement tranf-fudé, font devenus pour le fablon, tant une forte de canal bien diftribué pour l'entretenir humide, qu'un moyen auffi également réparti pour l'écoulement de l'eau furabondante que le fablon avoit pu recevoir. Ainfi l'on pourroit je crois expliquer par l'humidité inégale que les pots de mes expé-riences recevoient extérieurement l'inégalité de productions que le fablon y a données.

Quelle qu'en foit la caufe, qu'il eft moins utile que curieux d'approfondir, on obfervera fans doute, en réfléchiffant fur les plantes vigoureufes que j'ai recueillies du fablon, combien l'eau feule, & appliquée aux racines par un léger contact, & fans interruption, contribue effentiellement à la végétation: on ira plus loin peut-être, en foupçonnant qu'un des plus grands avantages des bonnes terres labourables eft de fe main-tenir toujours, par la nature des parties qui les compofent, dans un certain degré d'humidité, en même-temps que ces parties n'empêchent point, par une trop grande liaifon entre elles, que les racines des pieds de blé ne s'y ramifient, autant que cette plante l'exige, & qu'elles n'y jouiffent de l'humidité que les excellentes terres confervent.

Je n'ignore pas que le fond de l'obfervation que je viens de faire n'a pas, à certains égards, le mérite de la nouveauté, & qu'on emploie depuis long-temps l'eau pure, des éponges ou des étoffes humectées, & des vafes de terre très-poreux, pour s'affurer de la germination des grains, & la fuivre à découvert; pour faire éclore les plus belles fleurs, pour élever des plantes & même des arbriffeaux. Il y a près de vingt ans que j'ai obtenu moi-même, de la mouffe pure & fim-plement humectée, des blés de la plus grande beauté, & que j'ai fait régner dans une partie des blés produits par cette

mouffe la maladie contagieufe à laquelle ils font fujets, fans
que leur vigueur en ait paru d'ailleurs affoiblie : mais il étoit
queftion dans le cours de mes expériences de rapprocher les
terres, foit naturelles, foit compofées à deffein, qui font les
plus favorables à la végétation, de celles qui font regardées
comme les moins propres à l'entretenir ; de comparer les produits qu'elles auroient rendus, & d'examiner la marche de la
Nature dans des fubftances terreufes où elle tend toujours
à fon but, en variant les moyens qui l'y conduifent. Or,
c'eft ce qui n'avoit pas encore été confidéré expreffément :
on n'avoit pas remarqué, comme je crois l'avoir fait avec
affez de fondement, que l'avantage des meilleures terres eft
moins peut-être dans la nature des parties qui les conftituent, & à la qualité defquelles on attribue communément la
fertilité, que dans la propriété qu'elles ont par un heureux
mélange, de conferver long-temps l'humidité fi effentielle
aux plantes, & de ne point oppofer d'obftacles à l'extenfion
de leurs racines.

Dans les articles de ce Mémoire où il eft queftion de
l'emploi des cendres pures, on a vu le peu de fuccès que j'en
ai tiré. Quoique des recherches fur la caufe à laquelle on
peut l'attribuer ne conduifent pas à une utilité bien marquée,
j'ai cru cependant devoir en faire quelques-unes, ne fût-ce
que pour mieux fentir l'effet des moyens par lefquels j'ai
réuffi dans certaines circonftances, en découvrant que dans
d'autres ces moyens m'ont été, pour ainfi dire, dérobés.

Il eft certain qu'en 1772, j'ai recueilli de très-beau blé
des cendres feules : la touffe qu'elles ont donnée étoit peu
fournie, il eft vrai ; mais plufieurs tiges y étoient vigoureufes, & portoient des épis de quatre à cinq pouces de
hauteur : ainfi il n'eft pas douteux que la végétation ne puiffe
avoir lieu dans cette matière, quoique beaucoup plus difficilement que dans les autres dont je me fuis fervi.

J'ai infifté, dans l'article qui concerne les produits donnés
par le fablon, fur l'influence effentielle qu'avoit l'humidité
dans la formation des plantes en général, & fur la part

qu'elle avoit eue principalement dans les productions que j'ai
tirées du fablon feul : ce fecours, fi néceffaire aux végétaux,
s'eft rencontré fans doute dans les cendres dont j'ai fait
ufage ; mais les molécules de matière deftinées à fe charger
des particules aqueufes ne fe trouvent-elles pas conftituées
dans les cendres de toute une autre manière qu'elles ne le
font dans les fubftances terreufes, dans le fablon, &c ? Plus
difpofées que celles de ces dernières fubftances à recevoir
l'humidité, parce qu'elles ont été criblées de toutes parts
par le feu, n'ont-elles pas la propriété d'abforber l'eau en
grande quantité, & de la recéler fi intimément qu'elles
n'annoncent à leur furface qu'une légère humidité ? Cette
qualité abforbante des cendres, confidérée d'un certain côté,
& la liaifon affez forte qu'elles acquièrent, à mefure qu'elles
s'affaiffent, en fe defféchant, n'auroient-elles pas nui aux
productions que j'ai effayé d'en obtenir ? Perfonne n'ignore
qu'une mefure déterminée de cendres sèches abforbe une
plus grande quantité d'eau, qu'une pareille mefure de fablon,
lorfqu'on veut donner à ces deux matières le même degré
apparent d'humidité. J'ai defiré de connoître, par une expérience en petit, où pouvoit aller la différence de la quantité
d'eau qu'elles exigeroient pour avoir la moiteur que confervent toujours les terres labourables à un ou deux pieds
de profondeur. On fent bien que cette expérience ne con-
duifoit pas à une certaine précifion ; mais elle fuffifoit pour le
raifonnement que j'avois à établir, & qui va fuivre l'expofé
fimple de l'expérience que je fis.

À près avoir paffé à un tamis très-fin des cendres sèches
de bois neuf, & du fablon d'Étampes, je remplis de l'une
& l'autre de ces matières une mefure qui contient douze
pouces cubes : je ne les comprimai point dans la mefure ;
je me contentai de frapper plufieurs coups fur une table
avec la mefure même, pendant que j'y verfois les cendres
ou le fablon, afin que ces matières, très-différentes pour le
poids, y priffent par ces fecouffes tout l'affaiffement dont
elles étoient fufceptibles : lorfqu'elles fe furent entaffées au

point où elles le pouvoient par ce feul moyèn, & què la mefure, malgré les fecouffes, refta toujours comble, je la raclai avec foin, & je pefai les cendres & le fablon qu'elle avoit contenus. Les douze pouces cubes de cendres obtenus par ce moyen, pefoient cinq onces, cinq gros, foixante-deux grains; & le même nombre de pouces cubes, en fablon, étoit du poids d'un marc, trois onces, deux gros, cinquante grains. Je mis chacune de ces matières dans une capfule de verre, & après avoir pefé une quantité d'eau bien déterminée, j'en verfai d'abord peu à peu fur le fablon, en le remuant avec une petite cuillier d'argent, & en tâchant de faire prendre à la maffe totale le degré d'humidité, la moiteur à peu-près qui étoit néceffaire pour que je puffe la pelotonner; fix gros & demi d'eau fuffirent pour cet effet, tandis que je ne l'obtins, à l'égard des cendres, qu'en y verfant deux onces, quatre gros & demi d'eau: elles en abforbèrent par conféquent trois fois autant, & même au-delà, que le fablon en avoit reçu, fans qu'à l'extérieur elles paruffent plus humectées; & c'eft le point particulier où il falloit que je vinffe pour l'obfervation que j'ai à préfenter. S'il eft naturel de penfer que les racines des plantes pompent l'humidité de la terre, par le contact des parties de celle-ci qui s'y appliquent & environnent de toutes parts les ramifications dont les racines principales font garnies, on doit croire que les fubftances terreufes dont les molécules recèlent le moins les particules aqueufes & en font principalement chargées à l'extérieur, font les plus propres à communiquer l'humidité qu'elles reçoivent, puifque leurs molécules font difpofées à s'en dépouiller par la fimple juxtapofition d'une fubftance moins poreufe qu'elles, & organifée d'ailleurs d'une manière admirable pour faifir cette humidité: or les molécules des cendres font de nature à concentrer en elles l'eau dont on les a abreuvées, & à ne l'annoncer à l'extérieur qu'autant qu'elles en ont été faturées: en fuppofant donc que dans une mefure égale de cendres & de fablon, on verfe & on entretienne une quantité d'eau pareille & fuffifante en

elle-même pour élever des plantes, l'humidité que leurs
racines trouveront dans le fablon, & dont elles ne perdront
rien, fuffira pour leur accroiffement, tandis qu'elles fouffriront
dans les cendres & y périront infailliblement, faute d'un
fecours, au milieu duquel elles feront, mais qu'elles n'auront
pas la facilité de faifir.

On fe rappelle fans doute que les terres, foit pures, foit
mélangées, dont j'ai fait ufage, n'ont été entretenues dans
l'humidité qui leur étoit néceffaire que par l'eau des pluies,
& par celle que leur procuroit la terre dans laquelle les pots
étoient plongés : fi la quantité qu'elles en ont reçue, par ces
deux canaux feuls, a fuffi, du moins à l'égard de la plupart
de mes épreuves, pour que la végétation y ait réuffi, il ne
paroît pas, d'après l'expérience dont je viens de donner le
détail, qu'elle ait dû fuffire aux cendres, pour qu'elles fourniffent aux plantes l'aliment dont elles avoient befoin : nous
avons vu en effet qu'une quantité d'eau triple de celle qui
avoit donné au fablon un certain degré de moiteur, avoit
été néceffaire pour mettre les cendres au même point d'humidité, ou à peu-près. Il y a plus encore ; lorfqu'on sème
du grain dans des cendres auxquelles on a prodigué l'eau,
afin qu'après l'écoulement de celle qui eft furabondante, il
en refte fuffifamment pour amollir le grain & produire la
germination, on remarque que la couche de cendres qui
recouvre le grain, en s'affaiffant comme elle doit naturellement le faire, paffe bientôt à un certain état de féchereffe,
ou, pour mieux dire, de diminution d'humidité que les
terres ordinaires n'éprouvent point, ou qu'on n'y obferve
que beaucoup plus tard : cette couche & la partie même
des cendres qui environne le grain, quoique foncièrement
humides, ne le font pas affez, par la raifon que j'ai expofée
plus haut, pour en amollir l'écorce, pour rendre laiteufe la
farine qu'il contient, & faciliter la fortie du germe. Auffi
obferve-t-on qu'une grande partie des grains qu'on sème
dans les cendres, y font fujets à avorter, & que ceux qui
y réuffiffent ne percent que très-tard la couche qui les

recouvre. Ces effets font tout autrement fenfibles, quand on fuit une expérience de la nature de celle-ci à côté d'une autre où l'on emploie de la terre ordinaire, & où la Nature, libre dans fa marche, avertit, par oppofition, de ce qui l'arrête dans une fubftance terreufe dont on a de la peine à tirer des productions.

On reconnoît actuellement que les détails dans lefquels je viens d'entrer devenoient néceffaires, pour que de l'examen de plufieurs de mes expériences, où j'ai réuffi, & de celles où je n'ai eu que peu de fuccès, je puffe tirer la lumière qu'elles fe prêtent mutuellement. Si en effet l'explication que j'ai donnée de la caufe du défaut de productions dans les cendres, ou au moins du petit nombre de plantes que j'y ai quelquefois recueillies, fi cette explication paroît plaufible, il en réfultera que cette caufe n'a pas exifté dans les expériences où les plantes ont réuffi. En difant que la végétation, ou a été au contraire très-foible, ou même n'a pas eu lieu dans les cendres, j'en ai donné pour raifon, non précifément un défaut d'humidité en elles, & quant à leur maffe totale, mais la propriété nuifible qu'ont leurs molécules de recéler l'eau intimément, & de priver par-là les racines d'une efpèce de *contact aqueux*, fi je peux m'exprimer ainfi, qui eft néceffaire à ces mêmes racines pour recevoir & tranfmettre au corps de la plante les particules d'eau qu'elles font à portée de pomper.

Dès-lors on fent que toute fubftance terreufe qui n'a pas cette qualité abforbante, ou qui ne l'a que jufqu'à un certain degré, eft propre pour la végétation : dès-lors on eft moins étonné du fuccès des plantes dans le fablon pur, parce que tout ingrat qu'il femble pour leur production, il a, par rapport à elles, le grand avantage de ne leur rien fouftraire de l'humidité qu'il a reçue : on remarque de nouveau que les parties propres des meilleures terres labourables étant confidérées feules, ne contribuent peut-être pas autant à la nourriture des plantes qu'on l'a cru jufqu'ici; que leur qualité excellente pourroit confifter effentiellement, comme je l'ai
déjà

déjà fait entrevoir, dans un mélange de matières terreuses
fi bien proportionné, que l'eau s'y imbibe avec affez de
facilité, qu'elle n'y éprouve pas une évaporation trop prompte,
& qu'elle s'y communique fans réferve aux racines des
plantes: dès-lors enfin on reconnoît que les particules d'eau,
multipliées à l'infini dans les terres, jouent le plus grand rôle
dans la production des plantes, abftraction faite de l'utilité
dont elles leur font en qualité de fimples véhicules pour les
fubftances dont elles fe chargent, & qu'elles doivent être
regardées, en quelque forte, comme l'ame & le fond fans
ceffe renouvelé de la végétation *(d)*.

Il faudroit fans doute bien d'autres expériences que celles
dont je viens de rendre compte, & fur-tout des épreuves
en grand qui fe foutinffent dans leurs réfultats, pour qu'on
pût en tirer des conclufions dont l'Agriculture profitât: auffi
n'en préfenterai-je aucune dans ce moment-ci, & mon deffein
n'eft-il, en mettant ces premiers effais fous les yeux de
l'Académie, que de pofer quelques faits, à la lumière defquels
je continuerai mes recherches, & je me ferai un devoir de
les foumettre à fon jugement. On fera peut-être étonné, au
premier coup d'œil, des belles productions que les plâtras,

(d) **D'après** cette réflexion, qui
naît, pour ainfi dire, de chacun des
faits que j'expofe, d'après des expériences encore que je fais avec fuccès
depuis plufieurs années, pour recueillir
tous les ans du froment dans une
même terre, fans y employer aucun
engrais, & en me bornant à l'attention
de l'ameublir dans l'efpace court de
fix femaines ou deux mois, il fera
difficile, je crois, de regarder comme
auffi néceffaire qu'on le fuppofe communément, le repos qu'on donne aux
terres, fous prétexte qu'elles s'épuiferoient fi l'on y femoit du blé tous
les ans. Il y a toute apparence, &
M. Duhamel en a fait auffi l'obfervation, que le peu de temps qu'il y
auroit entre le moment de la récolte

& celui des femailles a écarté l'idée
de tirer tous les ans du froment d'une
même terre. Les hommes, bientôt
épuifés dans leurs productions paffa-
gères, ont mefuré les grandes opérations de la Nature fur le prompt
affoibliffement de celles qui leur font
propres: loin de remarquer, qu'à
l'égard du point particulier dont il
s'agit ici, la Nature a une marche
foutenue, des reffources conftantes,
un fonds inépuifable, ils ont réduit
en principe d'Agriculture ce repos des
terres auquel la difficulté du travail,
dans de grandes exploitations, le foin
d'ameublir les terres par des labours
multipliés & donnés par intervalles,
la durée des femailles, l'intempérie des
faifons, la néceffité feule obligeoit.

G

le fable, le fablon, la pierre pulvérifée & l'argile feule m'ont
données : je crois cependant qu'on fe rendra à la vérité de
ces faits, d'après des expériences qui ont été expofées, pendant trois ans, aux yeux d'un grand nombre de perfonnes,
& que la curiofité leur a fait fuivre avec la même attention
que j'y donnois : d'ailleurs, le témoignage de M.ᵣˢ les
Commiffaires de l'Académie ne laiffe aucun doute fur la
beauté de ces productions ; ils en rendirent compte à la
Compagnie au mois de Juin de l'année 1772. Mais il fera
difficile qu'en convenant de ce fuccès frappant des plantes
dans des fubftances terreufes qui ne le promettent nullement,
ou ne fente point qu'il ne feroit pas, à beaucoup près le
même dans de vaftes terreins qui ne feroient compofés chacun
que d'une feule de ces matières terreufes, & qui n'auroient
pas plus de fecours étrangers à la nature du fol que je n'en
ai fourni aux petites portions de ces matières qui ont été
féparément la bafe de mes expériences : j'ai déjà reconnu
moi-même qu'on attendroit en vain une récolte avantageufe
d'un fol qui ne feroit proprement que de l'argile ou du
fablon ; il fuffiroit même que l'une ou l'autre y dominât
exceffivement pour que la végétation y fût foible & y man-
quât même fouvent par l'intempérie des faifons. Lors donc
que j'ai fait des expériences de ce genre, mon deffein n'a
pas été de tirer des conféquences du particulier au général,
quelque favorables que fuffent en apparence les inductions
où mes épreuves pouvoient conduire ; j'ai eu pour but de
fonder, en quelque forte, la Nature, en cherchant, par des
mélanges de terres, celui qui conftitue les meilleurs fonds
pour la production des grains ; & d'exciter par-là, fi je pouvois y parvenir, de riches propriétaires à tenter, dans des
circonftances favorables, des combinaifons de terres, qui
féparément, ou feroient ftériles, ou ne rendroient pas au
Cultivateur le fruit de fon travail.

Il étoit naturel que des expériences fur ces mélanges m'en-
gageaffent à en faire d'autres, ne fût-ce que par un fimple
motif de curiofité, fur chacune des matières qui y entroient :

je n'en ai que mieux senti, je crois, la cause du dépériffement des plantes dans un terrein fablonneux, ou compofé de
pierres calcaires: s'il y a des circonftances favorables, mais
rares, où les plantes peuvent réuffir jufqu'à un certain point
dans ces fortes de terreins, il eft certain en général, qu'elles
y languiffent dans l'état ordinaire des faifons, & que la
plupart même y meurent en naiffant. Si un effet tout oppofé
arrive dans des échantillons de ces mêmes terreins, échantillons bien mieux dépouillés de toute matière étrangère que
ne le font les terres calcaires ou fablonneufes, il faut en
conclure que le fuccès des expériences, dans ces échantillons,
eft dû à quelque avantage qui leur étoit particulier dans mes
épreuves, & dont de vaftes terreins de la même nature
qu'eux fe trouveroient privés; or nous n'en voyons point
d'autre qu'un certain degré d'humidité, inégal, il eft vrai,
mais conftant pendant toute l'année dont ces échantillons ont
joui, étant environnés d'une terre de jardin ordinaire, où
cette humidité régnoit & fe communiquoit à eux, à travers
les parois des pots qui les contenoient. Quand on refuferoit
de croire qu'ils ont été proprement pénétrés de cette humidité extérieure, au moins eft-il certain qu'elle les entretenoit
dans la moiteur plus ou moins forte que les pluies, les rofées
& les brouillards leur procuroient par intervalles, & qu'elle
fuppléoit en partie à l'évaporation qu'ils devoient éprouver
dans les temps de féchereffe & de chaleur. Il paroît donc
que le défaut de fertilité des terres fablonneufes, compofées
de craie, ou abondantes en d'autres pierres calcaires, vient
principalement de la perte affez prompte qu'elles font de
l'humidité qui leur eft communiquée, de la grande chaleur
dont les fables font fufceptibles, de l'évaporation de l'eau
qu'elle y accélère, & du defféchement des plantes qui en eft
toujours la fuite *(e)*.

_(e)_ Rien ne prouve plus combien l'humidité feule, & fur-tout celle qui fe communiquoit aux pots de mes expériences par la terre dont ils étoient environnés, rien, dis-je, ne prouve plus clairement jufqu'à quel point cette humidité influoit fur la végétation des plantes qui croiffoient dans ces pots

L'utilité effentielle que j'attribue ici à la terre humide 'dans laquelle tous les pots employés pour mes expériences étoient plongés, paroîtroit n'avoir pas dû s'annoncer, ou au moins n'avoir pas dû être auffi marquée, par rapport à l'argile pure, qu'elle l'a été à l'égard des plâtras & du fable. L'argile, on le fait, fe retire beaucoup en fe defféchant : au premier coup d'œil qu'on jetoit, en Été, fur l'enfemble de mes expériences, il étoit facile de diftinguer celles où l'argile étoit feule employée; fa retraite étoit telle qu'on eût paffé le doigt entre les parois du pot & la petite maffe d'argile qui s'y trouvoit contenue : l'effet étoit le même dans les mélanges dont l'argile faifoit partie; mais il étoit proportionné à la quantité de cette dernière matière qui étoit entrée dans le mélange : dès-lors on obferve avec raifon que l'argile, laiffant ainfi un vide entre elle & les parois du vafe, n'a

que ce qui eft arrivé à l'égard de l'un d'entre eux , & qu'il eft avantageux, en quelque manière , que je n'aie pas pas prévu. Le defir de mettre fous les yeux de l'Académie affemblée un échantillon des épreuves les plus décifives dont je lui avois rendu compte par écrit, me détermina au mois de Juin 1774, à faire tranfporter au Louvre un des pots qui ne contenoit uniquement que des retailles de pierre, & qui portoit cependant une des plus belles touffes de blé que j'euffe obtenues dans mes expériences. Les épis y étoient nombreux , en pleine fleur, & promettoient un grain bien nourri. Ce pot ne fut hors de la terre qui l'environnoit que pendant vingt-quatre heures : j'eus l'attention, lorfqu'on le remit dans l'endroit du jardin où il avoit été d'abord placé, de faire arrofer autour de lui la terre dans laquelle il étoit plongé. Malgré cette précaution je m'aperçus bientôt que la touffe de blé commençoit à languir; les tiges jaunirent en peu de temps, les épis fe defféchèrent , & je n'ai tiré

de cette touffe de blé fi vigoureufe d'abord, qu'un grain maigre, retrait & réduit en partie à la fimple écorce. Si les pots voifins de celui-là, où les plantes ne s'annonçoient pas avec autant de vigueur, ont néanmoins donné du grain qui eft parvenu graduellement à fa parfaite maturité, il faut en conclure que les différentes matières qu'ils contenoient s'y font entretenues dans un certain degré d'humidité, à la faveur de la terre dont ils étoient entourés : il faut encore regarder comme certain que l'humidité qu'ils recevoient par-là leur étoit néceffaire, puifqu'il a fuffi que le pot dont je viens de parler ait été expofé à l'air, mais à l'ombre, pendant vingtquatre heures , pour que les plantes y aient éprouvé un dépériffement fenfible, pour que leurs racines aient beaucoup fouffert du defféchement momentané des parois extérieures du pot , & n'aient pas trouvé affez de reffources dans le peu de moiteur que les retailles de pierre avoient pu conferver.

pas dû profiter de l'humidité que la terre leur communiquoit; qu'elle l'a perdue dans une faifon où il étoit le plus néceffaire que cette humidité extérieure fuppléât à celle que l'argile avoit par elle-même, & que les grandes chaleurs diffipoient.

J'avoue que j'étois moi-même furpris que les plantes y fubfiftaffent, malgré l'état de dureté & de féchereffe que j'y remarquois à l'extérieur, lorfque le fecours des pluies avoit manqué à l'argile pendant quelque temps. Quoique frappé auffi, dans ces jours de féchereffe, de la vigueur des plantes que les fables produifoient, malgré l'état d'aridité où ils étoient à leur furface, je fentois qu'à la profondeur de deux ou trois pouces, la fraîcheur devoit y régner, & que les fables, toujours appliqués aux parois de leur vafe, ne perdoient rien de l'humidité que ces parois recevoient.

Mais il faut faire attention que l'argile étant de nature à fe refferrer fortement, elle eft propre par-là à conferver affez long-temps l'humidité qu'elle a acquife; que des plantes, une fois établies en elle, & pourvues de toutes les racines qu'elles ont pu y jeter, fubfiftent du peu d'aliment qui s'y trouve concentré: peut-être, dans ces momens de difette, ne prennent-elles pas d'accroiffement, & ne reçoivent-elles par leurs racines qu'autant qu'elles perdent par la tranfpiration: elles s'y épuiferoient fans doute, fi la féchereffe paffoit un certain terme; mais l'argile fe ramollit bientôt, par le retour des pluies; & les plantes y prenant une nouvelle vigueur, parviennent à leur accroiffement complet. Quoique l'argile, dans mes expériences, ait fait retraite en tout fens, elle n'a quitté, comme on le fent bien, que le tour intérieur du vafe qui la contenoit; & appliquée toujours au fond du vafe, elle s'y eft entretenue dans une certaine fraîcheur dont la maffe totale a dû fe reffentir.

LA facilité que j'ai eue de faire dans un endroit renfermé, & à l'abri de tout dérangement, les expériences dont je viens de donner le détail, m'a conduit naturellement à profiter d'une partie du terrein que j'avois à ma difpofition pour y répéter quelques-unes des expériences que j'ai faites il y a plus de vingt ans, fur la caufe de la principale maladie des grains, que j'ai défignée fous le nom de *carie*, & fur les moyens de la prévenir.

On fait qu'un des principaux caractères de cette redou-table maladie, confifte dans la converfion qui fe fait de la partie farineufe du grain en une poudre graffe, noirâtre, d'une odeur fétide & peftilentielle pour les blés les plus fains qu'on auroit infectés de cette poudre avant que de les femer. On fait encore, d'après les détails que j'ai donnés dans mes Mémoires fur cette matière, que les grains attaqués de cette maladie confervent à peu-près leur forme & leur propre pellicule, en fe deffèchant; que cette poudre contagieufe s'y trouve, pour l'ordinaire, renfermée exactement; qu'elle peut s'y conferver pendant un grand nombre d'années fans une altération apparente, & qu'elle n'en fort qu'autant qu'on écrafe le grain qui la contient.

Je confervois depuis l'année 1757 une certaine quantité de ces grains de blé cariés, que j'avois tirés de leurs épis avec l'attention de ne les pas froiffer, afin que leur pellicule, quoique féche & très-mince, reftât en fon entier, & maintînt toute la poudre contagieufe qu'ils contenoient : j'avois mis ces grains de blé cariés dans un fac de papier gris, lié avec une ficelle, & renfermé lui-même dans une armoire où il n'étoit expofé, ni à une féchereffe extraordinaire, ni à une trop grande humidité.

Lorfque je commençai, en 1770, les expériences fur le mélange des terres, que je viens de mettre fous les yeux de l'Académie, je réfervai une partie du terrein dont je pouvois difpofer pour y pratiquer quelques planches, & les partager elles-mêmes en plufieurs rayons, à un pied de diftance ou environ, l'un de l'autre, afin d'établir une diftinction bien marquée entre les produits du grain, différemment préparé, que je femerois dans ces rayons. Mon objet n'étant point ici de rendre compte du réfultat général de ces expériences, mais fimplement de celles qui avoient trait à l'emploi de la poudre des grains cariés, pour en infecter d'autres, qui par eux-mêmes étoient très-fains, je me bornerai à parler de celles-ci, & fi je fais mention des autres, ce ne fera que pour établir une comparaifon.

Je choifis donc pour les épreuves que je projetois, du blé de l'année 1770, & qui provenoit de ma propre récolte; je deftinai une partie de ce grain, qui étoit pur & très-net, foit à être employé fans aucune préparation & tel qu'il étoit forti des épis, foit à être femé après que je l'aurois noirci & infecté abondamment avec la poudre des blés cariés de l'année 1757. Après avoir dreffé une planche au milieu du terrein où je faifois d'autres expériences, je la partageai en fix rayons fur fa longueur; je femai, le 17 Octobre 1770, du blé pur dans le premier de ces rayons, du blé noirci dans le fecond, & ainfi alternativement, afin que les produits étant plus rapprochés & fe trouvant entremêlés régulière- ment, les différences que j'y obferverois me devinffent plus fenfibles.

Le blé leva également bien dans toute l'étendue de cette planche: je ne m'attendis à remarquer les premiers caractères de la maladie, dans le fecond, le quatrième & le fixième rayon qu'au commencement du Printemps; & j'étois telle- ment accoutumé à n'apercevoir que dans ce temps-là cer- tains effets de la poudre contagieufe fur les jeunes plantes, que je ne m'occupai point d'elles pendant l'hiver, & que je différai tranquillement jufqu'à la fin du mois d'Avril, ou au commencement de Mai, pour reconnoître les premiers fymptômes d'une maladie, de l'exiftence de laquelle je ne doutois pas, dans la plus grande partie des fecond, quatrième & fixième rayons.

Mais je fus alors très-furpris de n'en remarquer que peu de veftiges. J'avois toujours obfervé que les feuilles des plantes attaquées de cette maladie étoient un peu plus étroites & d'un vert plus foncé que celles des plantes faines; & qu'il y avoit dans tout leur port quelque chofe de diftinct, que l'habitude de les confidérer me faifoit aifément faifir. Les plantes des fix rayons me parurent à peu-près égales, tant pour la nuance du vert que pour l'état du feuillage. Je n'aperçus encore aucune différence entre elles pendant l'Été : les tiges s'élevèrent, les épis fleurirent, & donnèrent en général du blé auffi fain que je l'aurois efpéré d'une femence dans laquelle je n'aurois foupçonné aucun vice, mais que je n'aurois pas préparée.

Après une multitude d'expériences que j'avois variées de mille façons en particulier ; après des épreuves authentiques faites à Trianon, & répétées aux environs de Paris, par ordre de l'Académie *, qui toutes prouvoient évidemment que la poudre des blés cariés étoit contagieufe pour le grain le plus pur qu'on en infectoit, on fent combien je dûs être furpris de voir que cette poudre n'avoit produit prefque aucun effet nuifible, dans la circonftance dont je viens de parler.

* *Mém. de l'Acad. année 1759.*

Mon premier foupçon, qui étoit affez naturel, à la vue de ce fait extraordinaire, mais qui peut-être ne fe feroit jamais préfenté à mon efprit, fi l'expérience dont il s'agit ne l'eût pas fait naître, mon foupçon, dis-je, tomba d'abord fur l'affoibliffement, quant à la qualité maligne, que les grains cariés dont je m'étois fervi pouvoient avoir éprouvé dans l'efpace de douze à treize ans ; car j'étois certain que cette qualité peftilentielle ne leur étoit que trop inhérente dans le temps où je les recueillis : auffi fus-je très-empreffé, au mois d'Octobre de l'année 1771, de faire ufage de blés cariés qui avoient été produits dans cette même année, & d'infecter de la femence bien pure avec la poudre nouvelle que j'en retirai : je répétai en même temps l'expérience que j'avois faite avec celle du blé carié de 1757. Je formai, en conféquence, fur une partie de mon terrein quatre planches de dix-huit à vingt pieds de longueur : deux d'entre elles, qui étoient un peu étroites à caufe de la difpofition du terrein, furent divifées, fur leur longueur, en trois rayons, à huit ou dix pouces l'un de l'autre ; les deux autres planches

ayant

ayant plus de largeur furent partagées en sept rayons; & les
épreuves, tant sur l'effet contagieux de la carie de 1771,
que sur celui de la carie de 1757, & sur le succès des
préparations plus ou moins capables de garantir les blés de
cette maladie, furent tellement entremêlées dans ces vingt
rayons, que les différences qui en devoient résulter, pour
la qualité des produits, ne pouvoient être attribuées qu'à
l'état dans lequel le grain y auroit été semé. Je dois faire
observer que le blé dont je me servis, pour les épreuves
relatives à ces vingt rayons, sortit du même petit sac où je
l'avois d'abord renfermé après l'avoir choisi avec soin, &
que je tins une note exacte de l'ordre dans lequel je le semai,
soit qu'il eût sa pureté naturelle, soit qu'il fût infecté de la
nouvelle ou de l'ancienne poudre contagieuse, soit enfin
qu'il fût préparé différemment pour écarter les effets funestes
de cette poudre. J'ajouterai au détail de ces épreuves qu'afin
de mieux juger, ou de l'impression nuisible de la carie de
1757, ou de son affoiblissement bien réel, lorsqu'elle est
très-ancienne, ce qui faisoit mon objet principal, je répandis
une grande quantité de cette poudre de 1757 sur le grain
noirci déjà de cette même poudre, après que je l'eus semé
dans les rayons que je lui avois destinés, & avant que de
combler ces rayons de trois à quatre pouces de terre meuble
dont le grain fut recouvert.

Je reconnus bientôt, c'est-à-dire dès le 13 Avril 1772,
que j'avois eu de justes soupçons sur l'affoiblissement confidérable que la carie de 1757 avoit éprouvé dans sa qualité
pestilentielle, & que l'effet contagieux de la carie nouvelle
se maintenoit constamment dans l'activité funeste que j'avois
toujours remarquée. Par-tout où j'avois semé du grain infecté
de celle-ci, j'aperçus, dans la plus grande partie des jeunes
plantes, les premiers symptômes de la maladie; tandis qu'ils
n'étoient presque pas sensibles, dans les rayons où je n'avois
fait usage que de la carie de 1757, tant pour noircir le

H

grain que pour l'inonder encore de cette poudre ancienne,
avant qu'il fût recouvert.

L'effet pernicieux de l'une, & les fuites peu confidérables
de l'autre, devinrent beaucoup plus faciles à diftinguer lorfque
les épis furent fortis de leur fourreau, & que ceux qui n'a-
voient point été attaqués de la maladie commencèrent à
fleurir: les rayons où le mal régnoit en général, à côté de
ceux qui en étoient totalement exempts, ou qui n'en portoient que peu de veftiges, ces rayons qu'on obfervoit fous
un même coup d'œil, ne laiffoient aucun lieu de douter, aux
perfonnes même les moins accoutumées à confidérer cette
maladie, qu'elle n'eût, au moins dans cette circonftance-ci,
une caufe étrangère à la femence, puifque le grain avoit été
le même, quant au fond, pour les vingt rayons, & que
la poudre nouvelle des blés cariés, ou l'ancienne de 1757
que j'avois appliquée à quelques portions de la femence,
étoit la feule chofe réelle qui établiffoit entre elles de la
diftinction.

Je répétai, au mois d'Octobre 1772, les expériences dont
je viens de parler: j'obtins en 1773 les mêmes réfultats que
j'avois eus l'année précédente. Toute la partie de mes blés
dont la femence avoit été noircie avec de la carie nouvelle
fe trouva infectée à un point étonnant; peut-être n'y eût-il
pas un fixième des épis qui échappa à la contagion: les
effets, au contraire, en furent peu confidérables dans les
rayons pour lefquels j'avois fait ufage de la carie de 1757;
& je n'en vis aucune trace dans la partie des blés qui avoit
été deftinée, par la préparation de la femence, à ne donner
que des épis fains.

Il eft donc évident, 1.º d'après ces expériences, qui en
confirment une multitude d'autres, que la poudre nouvelle
des blés cariés, dont on infecte le grain le plus pur, a les
fuites les plus funeftes pour les blés que ce grain produit:
il paroît conftant, en fecond lieu, que cette poudre, fi

pernicieufe dans fon principe, devient moins contagieufe à mefure qu'elle vieillit, quoiqu'on ait foin de la conferver dans le grain qui la contient, quoique par fa mauvaife odeur & par les autres qualités fenfibles qui la caractérifent, elle ne femble pas avoir perdu le vice peftilentiel qui lui eft propre. Peut-être s'apercevroit-on qu'elle s'en dépouille totalement, étant confervée encore plus longtemps que ne l'a été celle dont je me fuis fervi: j'aurai lieu de continuer des épreuves à ce fujet; il me refte encore affez de ces grains cariés qui ont été recueillis en 1757 pour en faire la matière d'une expérience pendant plufieurs années, pour fuivre la diminution fucceffive des effets nuifibles de la poudre qu'ils renferment, & dans la vue furtout d'examiner fi cette poudre étant devenue, comme on a vu, beaucoup moins pernicieufe, au bout de quinze ou feize ans, que je ne l'avois éprouvé dans fon origine, elle parvient enfin au point de n'avoir plus rien de contagieux.

Il réfulte, en troifième lieu, des expériences que je viens de rapporter, que la préparation des femences, que j'ai indiquée depuis longtemps, produit conftamment fon effet avantageux, & que déterminée fur la caufe ordinaire de la maladie dont il s'agit ici, elle eft un des moyens les plus propres à l'écarter.

Je fens qu'il y auroit quelqu'utilité à connoître l'affoibliffement du principe contagieux dans les blés cariés, & fa deftruction totale, après un certain temps, en fuppofant qu'elle a lieu effectivement, fi l'on pouvoit employer du blé vieux pour enfemencer les terres, & ne pas craindre la communication de cette maladie, quelque peu de précautions que l'on prît alors pour le choix de la femence dont on fe ferviroit; mais les grains éprouvant une altération dans leur germe, après une année ou deux qu'on les a recueillis, on ne fauroit les employer comme femence, fans courir rifque d'en facrifier inutilement la plus grande partie; & encore la portion de ces grains qui réuffiroit, feroit-elle expofée à la contagion du noir, fi elle en avoit d'abord été infectée, par la raifon que l'affoibliffement du principe contagieux ne feroit pas confidérable, felon toute apparence, après deux ou trois années feulement du féjour de cette poudre pernicieufe fur le blé vieux qu'on fémeroit. Ainfi les expériences fur ce fujet ne peuvent guère tendre qu'à un point de pure curiofité; à moins que cette poudre, dépouillée de ce qu'elle a de nuifible, analyfée enfuite & comparée avec d'autre qui conferveroit encore toute fa malignité, ne donnât jour pour entrevoir le principe de cette qualité funefte; & ne conduisît à des précautions utiles pour en garantir totalement les blés.

www.ingramcontent.com/pod-product-compliance
Lightning Source LLC
Chambersburg PA
CBHW050525210326

41520CB00012B/2447